中国濒危野生动植物种
生存状况评估报告
（第一辑）

灵长类动物　药用兰科植物

魏辅文　主编

科学出版社
北京

内 容 简 介

本书分为灵长类动物和药用兰科植物两部分。灵长类动物部分收录了截至2022年8月在我国有确定分布记录的3科8属28种灵长类动物，记录了这些物种的分布范围、种群数量、栖息地现状与生存影响因素等信息，并对在世界分布的物种进行了IUCN受威胁物种红色名录类别的评估，对我国特有分布的灵长类物种进行了受威胁物种红色名录类别的评估，在此基础上，这部分还对我国重点野生灵长类物种的保护提出了建议，可为灵长类物种濒危状况评估及保护和管理提供科学依据。药用兰科植物部分包括金线兰属、白及属、杓兰属、石斛属、天麻属、手参属、芋兰属7属54种。参考IUCN受威胁物种红色名录类别及标准，结合全国野生兰科植物资源调查等数据，采用最少资源量方法，对54种药用兰科植物进行了濒危状况评估。除1种信息不全，暂不确定濒危级别外，对其余物种的评估表明，44种为受威胁物种，其中极危18种、濒危18种、易危8种，主要的致危因素为过度采集；无危或近危9种。

本书可供生物多样性保护工作者、野生动植物保护管理者、生物学爱好者及科普教育工作者等使用。

审图号：GS京（2023）2065号

图书在版编目（CIP）数据

中国濒危野生动植物种生存状况评估报告. 第一辑 / 魏辅文主编. — 北京：科学出版社，2024.1
 ISBN 978-7-03-077049-3

Ⅰ. ①中… Ⅱ. ①魏… Ⅲ. ①野生动物 – 濒危动物 – 生活状况 – 评估 – 研究报告 – 中国 ②野生植物 – 濒危植物 – 生活状况 – 评估 – 研究报告 – 中国 Ⅳ. ①Q958.52 ②Q948.52

中国国家版本馆CIP数据核字（2023）第219617号

责任编辑：王 静 付 聪 / 责任校对：周思梦
责任印制：肖 兴 / 书籍设计：北京美光设计制版有限公司

科学出版社 出版
北京东黄城根北街16号
邮政编码：100717
http://www.sciencep.com

北京华联印刷有限公司 印刷
科学出版社发行 各地新华书店经销
*

2024年1月第 一 版 开本：889×1194 1/16
2024年1月第一次印刷 印张：14
字数：466 000

定价：298.00元

中国濒危野生动植物种生存状况评估报告

编委会

中国濒危野生动植物种生存状况评估报告（第一辑）

编写人员名单

灵长类动物编写组

组　　长：李保国

副 组 长：张　河　潘汝亮

成　　员（按姓氏笔画排序）：

向左甫　李　明　李进华　杨　寅　肖　文　陈明勇

范朋飞　范鹏来　周　江　周岐海　周智鑫　胡慧建

侯　荣　夏东坡　郭松涛　黄志旁　黄乘明　崔亮伟

蒋学龙　路纪琪　黎大勇

药用兰科植物编写组

组　　长：金效华

副 组 长：叶　超　王治平

成　　员：曾　岩　李剑武　王晓静　王亚君　林东亮

序

　　生物多样性是人类赖以生存和发展的基础，是地球生命共同体的血脉和根基。它为人类提供了丰富多样的生产生活必需品、健康安全的生态环境和独特别致的景观文化。随着人类社会的发展，人类对自然的索取不断加剧，生态环境不断恶化，野生动植物资源正因人类的行为而遭受着灭绝的风险，这些风险已经开始损害人类社会的生存基础。《濒危野生动植物种国际贸易公约》（The Convention on International Trade in Endangered Species of Wild Fauna and Flora，CITES）1975年正式生效，其宗旨就是通过促进国际执法和各国遵守公约，保证野生动植物的国际贸易不会危及相关物种生存。目前，CITES共有184个缔约方。1981年4月8日CITES对我国正式生效，我国是公约的第63个缔约方。

　　1982年，国务院批准在中国科学院设立"中华人民共和国濒危动植物种科学研究组"作为CITES中国履约科学机构，后更名为"中华人民共和国濒危物种科学委员会"（以下简称：国家濒科委）。根据《中华人民共和国濒危野生动植物进出口管理条例》和CITES的要求，国家濒科委的主要职责包括濒危野生动植物标本进出口的科学咨询和判定、濒危物种科学研究和评估、公约附录修订提案准备和评定以及公约科学议题谈判和履行等。

　　40年来，在中国科学院的领导下，在国家林业和草原局、农业农村部、自然资源部、生态环境部等主管部门的大力支持下，在挂靠单位中国科学院动物研究所的全力配合下，国家濒科委几代科学家无私奉献，以国际履约推动我国的濒危野生动植物种保护工作，以野生动植物保护的实践经验和成果为履约工作提供科学基础，为我国的CITES履约和野生动植物保护工作作出了巨大贡献。

　　作为我国自然科学的权威研究机构，动物分类学、植物分类学、生态学和环境科学等学科是中国科学院的重要研究领域。半个世纪以来，中国科学院组织实施了青藏高原、横断山脉、秦岭、"三北"、南水北调等自然综合考察和不计其数的专题研究，获得了大量研究成果。这些凝聚着科学家心血的研究成果为国家濒科委履行科学机构义务奠定了重要基础。

　　CITES是国际公认最有成效的多边环境条约之一。CITES将濒危野生动植物种列入公约的三个附录，对附录物种国际贸易实行许可证管理。附录 I 物种包括所有受到和可能受到贸易影响而有灭绝危险的物种，这些物种的贸易受到特别严格的管理，以防止进一步危害其生存，只有在特殊情况下才允许贸易。附录 II 物种包括那些虽未濒临灭绝，但如对其贸易不严加管理、防止不利于其生存的利用，就可能灭绝的物种。附录 III 物种包括任何一个缔约方认为属于其管辖范围内，为防止不利于其生存的利用，需要其他缔约方合作控制贸易的物种。目前列入CITES附录的物种数超过40 900种，包括6610种动物和34 310种植物。CITES附录物种数量的任何变化都有可能给世界带来深远影响，甚至影响相关国家和地区的社会经济发展。

为确保野生动植物贸易的合法性和可持续性，CITES强调科学决策、科学监测和科学判定，极其重视缔约方科学机构的作用。近年来，随着物种科学理论、方法和技术的不断发展，尤其是整合分类学研究的突飞猛进，新物种不断被发现，已知物种的分类信息获得进一步完善，物种濒危状况评估方法的进步，以及全球物种贸易情况的变化，CITES附录物种数量也在不断调整。

2022年召开的CITES第19届缔约方大会（CoP19）新增或改变了500多个物种的附录状态。在通过的提案中，4种鸟类、100种鲨鱼和鳐、50种海龟和陆龟、160种两栖动物和150种树木的国际贸易受到管制。这意味着，对于占公约附录物种数量总数95%的附录Ⅱ物种的国际贸易，缔约方必须使用CITES工具，如非致危性判定和获得来源合法性调查，以确保贸易的可持续性、合法性和可追溯性。对于附录Ⅰ物种，则禁止一切国际商业贸易。值得注意的是，由于保护措施非常成功，一些物种已从附录Ⅰ降至附录Ⅱ，这是公约取得成功的重要标志性成果。

作为科学履约的重要前提，国家濒科委非常重视物种科学基础研究。自2021年开始，国家濒科委启动了"中国濒危物种生存状况研究计划"，到目前为止已经支持领域知名科学家开展了7个类群的物种生存状况研究，包括灵长类、药用兰科植物、鹤类、雉类、有尾两栖类、猫科动物和鲨鱼。2022年，作为该研究计划的首批研究成果，"中国灵长类动物濒危状况评估报告"和"中国药用兰科植物濒危状况评估报告"正式发布，在学术和管理领域获得了积极的反响，体现了国家濒科委依靠科学家，立足科学研究，用科学发声，为社会经济可持续发展做贡献的使命感和责任感。为了将"中国濒危物种生存状况研究计划"的研究成果贡献给社会，国家濒科委决定与科学出版社合作，将该计划的研究成果以"中国濒危野生动植物种生存状况评估报告"系列丛书的形式出版。《中国濒危野生动植物种生存状况评估报告（第一辑）》包括灵长类动物和药用兰科植物，其他物种的研究成果后续将陆续出版。

中国是生物多样性大国，也是正在快速发展的全球第二大经济体，保护濒危野生动植物种，实现经济社会可持续发展，始终是我国面临的一项艰巨任务。习近平生态文明思想根植于中华优秀传统生态文化，是一套全新的人与自然关系的伟大思想，已经成为与联合国可持续发展目标高度契合，引领全球环境治理和绿色发展的科学理念，也为国家濒科委开展科学履约工作指引了方向。

作为CITES中国履约科学机构，国家濒科委长期以来一直致力于联合全社会力量共同开展科学履约工作。"中国濒危物种生存状况研究计划"是国家濒科委项目组织方式的新尝试，通过与中国科学院研究所、高校、相关科研机构以及社会公益组织开展跨领域、跨部门、跨学科合作，该研究计划取得了很好的效果。国家濒科委将不断创新、拓展和优化这项工作，也希望相关部门和有志之士积极参与，共同为我国的濒危野生动植物保护和科学履约工作作出贡献。

陈宜瑜

中国科学院院士

中华人民共和国濒危物种科学委员会主任

　　我国地域辽阔，地貌和气候复杂多样，孕育了丰富而又独特的生态系统、物种和遗传多样性，是世界上生物多样性最丰富的国家之一。我国的传统文化十分重视生物多样性保护，"天人合一""道法自然""取之有度"等生态智慧和文化传统体现了朴素的生物多样性保护意识。物种的科学评估是野生动植物保护和管理的重要基础，科学评估的结果可为科学履约、保护名录修订、保护规划和保护政策的制定，以及保护行动的开展提供重要参考，指导资源合理、有效地分配。

　　物种灭绝风险或受威胁程度评估是物种科学评估的重点。世界自然保护联盟（International Union for Conservation of Nature，IUCN）自1964年以来先后发布濒危物种红皮书和受威胁物种红色名录，目前已经评估了超过15万个物种，IUCN受威胁物种红色名录已经成为全球物种灭绝风险状况的重要信息来源。自20世纪80年代开始，我国科学家也参照IUCN濒危物种红皮书和受威胁物种红色名录的评估标准，基于调查研究的数据，对我国分布物种的受威胁状况进行评估，先后编撰完成《中国植物红皮书：稀有濒危植物》（第一册）、《中国濒危动物红皮书》、《中国物种红色名录》、《中国生物多样性红色名录》等。

　　物种灭绝风险或受威胁级别并不等同于保护等级或优先级，极危物种不一定非要采取保护措施，无危的物种也可能需要保护。物种的灭绝风险或受威胁级别评估更多的是依据科学研究和调查数据作出的客观评估，而保护等级的制定或优先级的确定则需要在更广泛的范围统筹考虑目标物种的生物学、生态学、经济学、社会学和法学等多方面因素，既要符合自然环境演变规律和物种动态变化趋势，又要符合人类保护和实践需要。我国在20世纪80年代和90年代分别发布了《国家重点保护野生动物名录》和《国家重点保护野生植物名录》（第一批），并于2021年对这两个名录进行了大规模修订。

　　国家濒科委是CITES中国履约科学机构，也是我国濒危野生物种保护的重要智库。多年来，国家濒科委一直奋战在我国濒危物种科学研究和评估的第一线，先后组织编撰完成《中国濒危动物红皮书》、《中国物种红色名录》和《中国生物多样性红色名录》等一系列国内外有重大影响力的物种评估报告，为我国《中华人民共和国野生动物保护法》和《中华人民共和国生物安全法》等法律法规，以及《国家重点保护野生动物名录》和《国家重点保护野生植物名录》等的修订提供了重要的科技支撑。

　　自20世纪80年代以来，我国步入高速发展期，在城镇化、基础设施建设、土地利用改变、环境污染和外来物种入侵等多重因素影响下，部分物种的生存状况发生了剧烈变化，原有的物

种评估结果已不适应当前的发展需要，需要及时进行评估和更新。而且，随着社会经济的发展，我国物种科学研究和调查监测的技术也在不断进步，新物种不断被发现，已知物种的科学信息不断被完善，这些信息需要及时被纳入评估体系。此外，以往物种受威胁状况的评估依赖于文献检索和专家掌握的信息，随着科学普及的深入、调查监测手段的更新和记录的完善，越来越多的民间团体、非政府组织和个人，特别是动植物爱好者，掌握了大量物种生存状况的知识和信息，可以为物种评估提供更多的基础信息。

为了更好地应对这些变化，自2021年起，国家濒科委启动了"中国濒危物种生存状况研究计划"，支持了5个研究团队和1个非政府组织，对灵长类、药用兰科植物、鹤类、雉类、有尾两栖类、猫科动物和鲨鱼7个类群的生存状况进行全面评估。未来，国家濒科委还将与更多的研究团队（包括民间团体、非政府组织和个人）合作，探索科学评估的最佳途径。本书在综合各方信息的基础上，尽可能客观地呈现物种生存状况，并对物种的保护等级进行评估，可为保护名录的修订提供重要参考。

为了扩大工作影响，为社会经济发展作出更大贡献，国家濒科委委托科学出版社将这些研究成果以"中国濒危野生动植物种生存状况评估报告"系列丛书的形式出版。感谢编委们的辛勤劳动，感谢科学出版社的大力支持。本丛书可为物种濒危状况评估、保护和管理及公约履约提供科学依据，可供生物多样性管理工作者、保护工作者、科研工作者和科普教育工作者使用。

魏辅文

中国科学院院士

中华人民共和国濒危物种科学委员会常务副主任

目 录

序
前言

中国灵长类动物濒危状况评估 2022

中国药用兰科植物濒危状况评估 2022

中国灵长类动物濒危状况评估

2022

一、摘　　要

　　物种濒危状况的评定对于物种的保护具有重要意义。由于自然界的生物种类极为丰富，对每一个物种都采取同样的保护措施显然是不可行的，如何对处于不同濒危状态的物种采取不同的保护策略，使濒危物种得到有效保护，最大限度地延缓物种的灭绝速度，是生物多样性保护工作中的关键问题。通过对物种濒危状况的评价，确定物种的优先保护顺序，有针对性地采取合理、有效的保护措施，才能使有限的人力、物力资源得到最佳配置和发挥最大的作用，使真正濒危的物种得到及时保护。

　　为确定物种的优先保护顺序，缓解全球生物多样性下降的趋势，在20世纪60年代，世界自然保护联盟（IUCN）发布了受威胁物种红色名录，对物种的濒危级别进行了划分。在1991年，Mace和Lande第一次提出了根据在一定时间内物种的灭绝概率来确定物种濒危级别的思想，并据此制定了一套物种濒危评估标准。1994年11月，IUCN第40次理事会会议正式通过了经过修订的Mace-Lande物种濒危级别标准作为新的IUCN受威胁物种濒危级别和标准体系。1996年、2001年，IUCN应用了此受威胁物种濒危级别和标准体系来评估全球物种濒危状态。目前，IUCN受威胁物种濒危级别和标准体系是全球普遍认为较为全面、客观、合理的濒危物种级别评估体系，是评价全球生物多样性健康状况的关键指标。充分利用IUCN受威胁物种濒危级别和标准体系评估野生动植物的濒危状况对生物多样性保护的行动决策和政策的推动起着非常重要的作用。

　　全世界灵长类动物正面临着严峻的生存危机，超过60%的物种被列为易危、濒危或极危物种，75%的物种种群数量日益下降。我国现有灵长类3科8属28种，是世界上灵长类多样性最多的国家之一，而我国现存的28种灵长类物种中有80%受到威胁，15～18个物种的种群规模不足3000只，在过去的几十年中，2种长臂猿在野外没有被监测到。目前，我国几乎所有的灵长类动物都栖息在"岛屿"化的生境中，许多种群处于隔离状态，种群间交流或基因交流的机会有限。一些灵长类物种面临着种群数量下降与栖息地丧失的威胁，不同种类受到威胁的程度不完全相同，如长臂猿等物种呈现出极度依赖原始森林的特征。一些物种分布范围狭窄，种群数量极低，科学研究数据极少，现有的资料比较零散且系统性不强，缺乏保护生物学方面的研究和支撑。因此，急需利用IUCN受威胁物种濒危级别和标准体系开展针对我国灵长类物种的濒危级别评估，确定其濒危状况与保护级别。

　　近年来，国家对基础学科研究重视程度不断提升，新一代灵长类动物研究学者迅速成长。随着对灵长类动物野外考察范围不断扩大，很多新技术手段在野外考察中被充分运用，分子生物学技术在分类鉴定与谱系地理学中也被广泛应用，使得灵长类新种和新纪录不断被发现，极大地促进了灵长类研究学者对灵长类动物濒危状况的了解。随着我国灵长类研究学者多年来对我国灵长类动物基础信息的不断探索和积累，我们发现过去划定的濒危级别可能已经不符合物种实际的濒危状况，因此有必要对某些开展过长期研究且濒危程度较为严重的类群开展最新的濒危级别评定，并针对性的对这些类群采取合理、有效的保护措施，使有限的资源合理投入，取得最好的保护效果。

　　综上，在本次我国濒危野生动植物物种生存状况评估的过程中，本书采用全球视角对我国分布的灵长类物种进行IUCN受威胁物种红色名录类别再评估，评估结果可为IUCN物种生存委员会提供评估科学依据与支持。同时，本书也采用中国视角对国内分布的灵长类物种进行了评估，评估结果可为未来我国灵长类动物的保护和管理提供科学依据和支持。

二、概　　述

（一）本次评估的灵长类物种种类

　　近20年来中国灵长类的分类有了明显的变化，发表了3个新种——白颊猕猴（*Macaca leucogenys*）、高黎贡白眉长臂猿（*Hoolock tianxing*）和藏南猕猴（*Macaca munzala*），以及我国新纪录种——东黑冠长臂猿（*Nomascus nasutus*）、西白眉长臂猿（*Hoolock hoolock*）、缅甸金丝猴（*Rhinopithecus strykeri*）、戴帽叶猴（*Trachypithecus pileatus*）等。此外，还有多个物种从亚种升级为种，如2020年通过基因测序结果认定菲氏叶猴滇西亚种（*Trachypithecus phayrei shanicus*）为独立物种中缅灰叶猴（*Trachypithecus melamera*）。目前，我国记录的现存非人灵长类动物共3科8属28种，本次全面评估了这28种灵长类动物的濒危状况。

我国灵长类物种名录

科名	属名	种名
懒猴科 Lorisidae	蜂猴属 *Nycticebus*	蜂猴 *Nycticebus bengalensis*
		倭蜂猴 *Nycticebus pygmaeus*
猴科 Cercopithecidae	猕猴属 *Macaca*	红面猴 *Macaca arctoides*
		台湾猕猴 *Macaca cyclopis*
		猕猴 *Macaca mulatta*
		北豚尾猴 *Macaca leonina*
		熊猴 *Macaca assamensis*
		白颊猕猴 *Macaca leucogenys*
		藏南猕猴 *Macaca munzala*
		藏酋猴 *Macaca thibetana*
	仰鼻猴属 *Rhinopithecus*	滇金丝猴 *Rhinopithecus bieti*
		黔金丝猴 *Rhinopithecus brelichi*
		川金丝猴 *Rhinopithecus roxellana*
		缅甸金丝猴 *Rhinopithecus strykeri*
	长尾叶猴属 *Semnopithecus*	喜山长尾叶猴 *Semnopithecus schistaceus*
	乌叶猴属 *Trachypithecus*	黑叶猴 *Trachypithecus francoisi*
		白头叶猴 *Trachypithecus leucocephalus*
		印支灰叶猴 *Trachypithecus crepusculus*
		中缅灰叶猴 *Trachypithecus melamera*
		戴帽叶猴 *Trachypithecus pileatus*
		肖氏乌叶猴 *Trachypithecus shortridgei*
长臂猿科 Hylobatidae	白眉长臂猿属 *Hoolock*	西白眉长臂猿 *Hoolock hoolock*
		高黎贡白眉长臂猿 *Hoolock tianxing*
	长臂猿属 *Hylobates*	白掌长臂猿 *Hylobates lar*
	冠长臂猿属 *Nomascus*	西黑冠长臂猿 *Nomascus concolor*
		海南长臂猿 *Nomascus hainanus*
		北白颊长臂猿 *Nomascus leucogenys*
		东黑冠长臂猿 *Nomascus nasutus*

（二）IUCN 受威胁物种红色名录类别及标准与相关名词定义

1. IUCN受威胁物种红色名录类别及标准

本次评估采用的是IUCN受威胁物种红色名录类别及标准3.1版，共使用了灭绝（EX）、野外灭绝（EW）、极危（CR）、濒危（EN）、易危（VU）、近危（NT）、无危（LC）、数据缺乏（DD）和未予评估（NE）等9个级别。各个级别的具体定义如下。

灭绝（Extinct，EX）　如果没有理由怀疑一分类单元的最后一个个体已经死亡，即认为该分类单元已经灭绝。于适当时间（日、季、年），对已知和可能的栖息地进行彻底调查，如果没有发现任何一个个体，即认为该分类单元属于灭绝。但必须根据该分类单元的生活史和生活形式来选择适当的调查时间。

野外灭绝（Extinct in the Wild，EW）　如果已知一分类单元只生活在栽培、圈养条件下或者只作为自然化种群（或种群），生活在远离其过去的栖息地时，即认为该分类单元属于野外灭绝。于适当时间（日、季、年），对已知的和可能的栖息地进行彻底调查，如果没有发现任何一个个体，即认为该分类单元属于野外灭绝。但必须根据该分类单元的生活史和生活形式来选择适当的调查时间。

极危（Critically Endangered，CR）　当一分类单元的野生种群面临即将灭绝的概率非常高，即符合极危标准中的任何一条标准（A～E）时，该分类单元即列为极危。

濒危（Endangered，EN）　当一分类单元未达到极危标准，但是其野生种群在不久的将来面临灭绝的概率很高，即符合濒危标准中的任何一条标准（A～E）时，该分类单元即列为濒危。

易危（Vulnerable，VU）　当一分类单元未达到极危或者濒危标准，但是在未来一段时间后，其野生种群面临灭绝的概率较高，即符合易危标准中的任何一条标准（A～E）时，该分类单元即列为易危。

近危（Near Threatened，NT）　当一分类单元未达到极危、濒危或者易危标准，但是在未来一段时间后，接近符合或可能符合受威胁级别，该分类单元即列为近危。

无危（Least Concern，LC）　当一分类单元未达到极危、濒危、易危或者近危标准，该分类单元即列为无危。广泛分布和种类丰富的分类单元都属于该级别。

数据缺乏（Data Deficient，DD）　如果没有足够的资料直接或者间接地根据一分类单元的分布或种群状况来评估其灭绝的危险程度，即认为该分类单元属于数据缺乏。数据缺乏不属于受威胁级别。列在该级别的分类单元需要更多的信息资料，而且需要通过进一步的研究，才可以将该分类单元划分到适当的级别中。重要的是能够正确地使用可以使用的所有数据资料。多数情况下，确定一分类单元属于数据缺乏还是受威胁状态时应当十分谨慎。如果推测一分类单元的生活范围相对地受到限制，或者对一分类单元的最后一次记录发生在很长时间以前，那么可以认为该分类单元处于受威胁状态。

未予评估（Not Evaluated，NE）　如果一个分类单元未应用本标准进行评估，则可将该分类单元列为未予评估。

2. IUCN受威胁物种红色名录类别及标准中的名词及其定义

种群（population）和种群大小（population size）　种群这个术语在该红色名录标准中有着特殊的含义，不同于普通生物学上的用法。种群是一分类单元所有个体的总和。由于生命形式千差万别，为了实用，种群数仅表示为成熟个体数。但是分类单元生活史的某些阶段或者整个生活史在很大程度上依赖其他分类单元的情况下，应该考虑该分类单元对寄主分类单元的生物学相关价值。

亚种群（subpopulation）　亚种群是种群在地理上或者其他方面被分割的群体，各亚种群之间很少发生交流（典型的是每年有一个或更少的个体成功地迁移或者有效地进行基因交流）。

成熟个体（mature individuals）　成熟个体是已知、估计或者推测的具有繁殖能力的个体。估算成熟个体数时必须考虑以下几点：①不具繁殖能力的成熟个体应排除（如受精密度过低）；②成熟个体数计算的是具有繁殖能力的个体，因此应排除在野外条件下由于环境、行为等因素所造成的有繁殖障碍的个体；③对于成熟个体数具有自然波动性质的种群，使用低评估值，低评估值大多数情况下低于平均值；④一个繁殖系的繁殖单位应以个体进行计数，除非这些繁殖个体不能独立生存（如珊瑚）；⑤对于在生活史的某个时间段，成熟个体的全部或部分自然死亡的分类单元，估计成熟个体数时应当在成熟个体可以繁殖的时候进行；⑥重新引进的个体，只能在生育过后代之后才能算作成熟个体。

世代长度（generation length）　世代长度是当前群体（种群中新生个体）的上一代的平均年龄。因此，世代长度反映了一个种群饲养一代的周转率。除个体只繁殖一次的分类单元外，其他分类单元的该数值都大于其首次繁殖年龄，这是因为威胁会改变世代长度，应更多地运用自然的（受干扰前）世代长度。

减少（reduction）　减少是指成熟个体数的减少，应该用特定的时间段（年）内减少的百分比来表示（尽管这种衰退不一定会继续）。除非有确凿的证据，不应把减少解释为自然波动的一部分。自然波动的暂时性下降趋势通常不能认为是一种减少。

持续衰退（continuing decline）　持续衰退是指最近、现在或者不久的将来存在的衰退（可能平稳，可能不规则，也可能是零星现象）。这种衰退产生的原因不明，或者没有足够的能力加以控制。如果不采取有效措施，此种衰退必将继续。通常自然波动不能算作持续衰退，但是在有确凿证据的情况下，可以把观察到的衰退考虑为自然波动的一部分。

极度波动（extreme fluctuations）　极度波动发生在许多种群大小或分布面积变化范围大、速度快且频繁的分类单元，典型极度波动的变异范围超过一个数量级（比如增加10倍或者减少为原来的1/10）。

严重分割（severely fragmented）　严重分割是指因为一分类单元的大多数个体生活于小型及相对被隔离的亚种群，从而增加了该分类单元灭绝的危险（在一定情况下，栖息地信息可以推测出物种状况）。由于与其他亚种群重新合并的机会减少，导致这些小型亚种群可能灭绝。

分布范围（extent of occurrence）　分布范围是指环绕一分类单元所有已知、推断或预计的目前出现位点（不包括游荡情况）在内的最短连续假想边界所包含的面积。此数值可能不包括该分类单元在整个分布范围内不连续或未接合在一起的地方（比如明显不适合栖息的较大区域）。分布范围经常用最小凸多边形的面积来度量（该最小多边形的所有内角不能超过180°，并要包含所有出现位点）。

占有面积（area of occupancy）　占有面积是一分类单元在分布区内实际占有的面积（不包括游荡情况）。该数值表明一分类单元常常不在其分布区的整个区域内存在，如分布区可能包括不适合的栖息地。在某些情况下，占有面积符合一分类单元的现存种群在任何阶段生存所必需的最小面积。占有面积的大小是测量时所用的比例尺的函数，需要根据该分类单元的相关生物学特点、威胁特性和可用数据来选定适当的比例尺。为避免因用不同的比例尺估算占有面积而导致评估不一致和偏离，有必要通过应用比例尺修正因素来使评估值标准化。但由于不同分类单元有不同的比例尺与面积的相关性，因此很难给所有进行标准化的工作定一个精确的指导方案。

地点（location）　地点属于地理上或生态上独特的区域，一个地点的大小取决于威胁事件发生时所覆盖的地域，也可能包括一个或多个亚种群的所有或部分个体。在分类单元受多于一个致危事件影响的地方，地点的确定需要考虑最严重的致危因素。

定量分析（quantitative analysis）　这里的定量分析是指任何根据已知的生活史、栖息地利用、威胁以及任何具体的管理条件来估计一分类单元的灭绝可能性的分析。种群生存力分析（PVA）就是这样的一种方法。定量分析应该充分利用所有相关的可用数据。在信息有限的时候，这些可用数据可用于估计灭绝危险（如估计随机事件对栖息地的影响）。定量分析结果中给出的假想（必须是正确的、可靠的），以及所用数据和数据中的不确定因素或定量模式应做好记录。

IUCN受威胁物种红色名录类别及标准中划分极危、濒危及易危的生物学指标与数量阈值

A. 种群数量减少，基于任意A1~A4的种群下降（测算时间超过10年或3个世代）		
	极危（CR）	濒危（EN）	易危（VU）
A1	≥90%	≥70%	≥50%
A2、A3、A4	≥80%	≥50%	≥30%

A1. 过去10年或3个世代内种群数量减少的比例，种群数量减少的原因是可逆转的且被理解和已经停止的

A2. 观察、估计、推断或猜测到已经发生种群数量下降，且种群数量下降可能不会停止，或不被理解，或不可逆

A3. 预期、推断或猜测到未来将会发生的种群数量下降（时间上限为100年）

A4. 观察、估计、推断、预测或怀疑的种群数量减少，其时间周期必须包括过去和未来（未来时间上限为100年），并且这些种群数量下降的原因可能不会停止，或不被理解，或不可逆

（a）直接观察（A3除外）
（b）适合该分类单元的丰富度指数
（c）占有面积减少、分布范围减少和（或）栖息地质量下降
（d）实际的或潜在的开发水平
（e）外来物种、杂交、病原体、污染物、竞争者或寄生物的影响

B. 以分布范围（B1）和（或）占有面积（B2）体现的地理范围		
	极危（CR）	濒危（EN）	易危（VU）
B1	< 100km^2	< 5000km^2	< 20 000km^2
B2	< 10km^2	< 500km^2	< 2000km^2

以及以下3个条件中的至少2个

（a）严重片段化或分布地点数	=1	≤5	≤10

（b）在以下方面观察、估计、推断或预期持续下降：（i）分布范围；（ii）占有面积；（iii）占有面积、分布范围和（或）栖息地质量；（iv）分布地点或亚种群数；（v）成熟个体数

（c）以下任何方面的极度波动：（i）分布范围；（ii）占有面积；（iii）分布地点或亚种群数；（iv）成熟个体数

C. 小种群的规模和下降情况		
	极危（CR）	濒危（EN）	易危（VU）
成熟个体数和至少C1或C2其一	< 250	< 2500	< 10 000
C1. 观察、估计或预期的持续下降的最小比例（未来时间上限为100年）	未来3年或1个世代内25%（以较长时间为准）	未来5年或2个世代内20%（以较长时间为准）	未来10年或3个世代内10%（以较长时间为准）

C2. 观察、估计或预期的持续下降和至少以下3个条件之一

		极危	濒危	易危
（a）	（i）每个亚种群中的成熟个体数	≤50	≤250	≤1000
	（ii）亚种群中成熟个体数的比例	90%~100%	95%~100%	100%

（b）成熟个体数极度波动

D. 种群数量极少或分布范围有限		
	极危（CR）	濒危（EN）	易危（VU）
D1. 成熟个体数	< 50	< 250	< 1000
D2. 仅适用于易危级别，占有有限区域的面积或分布点数目，并在未来很短时间内有一个可信的、可能驱动该分类单元走向极危或灭绝的威胁	—	—	一般情况下，占有面积 < 20km^{2}或分布点数目 ≤ 5

E. 定量分析		
	极危（CR）	濒危（EN）	易危（VU）
使用定量模型评估的野外灭绝率	未来10年或3个世代内 ≥50%（以较长时间为准，上限为100年）	未来20年或5个世代内 ≥20%（以较长时间为准，上限为100年）	未来10年 ≥10%

资料来源：IUCN受威胁物种红色名录类别及标准3.1版

（三）中国重点野生动物保护级别划分标准及定义

本次我国灵长类动物濒危状况评估工作中，我们应用中国重点保护野生动物级别划分标准评估灵长类物种的中国动物保护级别，以修订我国灵长类动物的国家保护级别，提出我国灵长类国家一级、二级重点保护名单。

1）级别的划分

国家一级重点保护野生动物　特有、稀有或濒临灭绝的野生动物列为国家一级重点保护野生动物。

国家二级重点保护野生动物　数量较少或有濒临灭绝危险的野生动物列为国家二级重点保护野生动物。

地方重点保护野生动物　指国家重点保护野生动物以外，由省、自治区、直辖市重点保护的野生动物。地方重点保护的野生动物名录由省、自治区、直辖市人民政府制定并公布。根据《中华人民共和国野生动物保护法》，地方重点保护野生动物名录收录的是《国家重点保护野生动物名录》以外的省、自治区、直辖市重点保护的野生动物，不应与《国家重点保护野生动物名录》重叠。

非保护野生动物　广泛分布和种类丰富的分类单元都属于非保护野生动物。

2）划分原则

濒危性原则　根据物种濒危状况、灭绝风险等，将分布范围狭窄、种群数量少或结构脆弱的物种纳入重点保护范围或提升保护级别。具体以实际开展的资源调查评估数据为主要依据，参考IUCN受威胁物种红色名录类别及标准。

珍贵性原则　根据物种在维持生态系统结构和功能中的作用及其科研、文化等社会价值，对维护生态系统作用大、社会价值高的物种重点保护。

预防性原则　根据受威胁状况，对种群虽有一定规模，但面临过度需求或栖息地缩减、质量下降等威胁的物种，从预防其种群持续下降的角度强化保护，提升保护级别。

协调性原则　为加强与国际社会和相关国家的保护合作，协调推进保护行动，对有关国际公约和多边协议等要求共同强化保护或实施跨境保护行动的物种提升保护级别。

相似性原则　对性状相似、执法监管过程中难以识别、区分，且具有类似保护价值的同科或同属物种，尽可能一并列入重点保护范围。

关注度原则　对被社会广泛关注且具有必要保护价值的物种，从提高公众保护意识的角度适当提升保级别。

3）变动标准

对于受威胁级别为极危（CR），同时具有重要保护价值的国家二级重点保护野生动植物，建议提升为国家一级重点保护野生动植物；对于受威胁级别为易危（VU），并且保护价值相对较低的国家一级重点保护野生动植物，建议降为国家二级重点保护野生动植物。

濒危野生动植物种国际贸易公约（CITES）附录Ⅰ和附录Ⅱ所列的非原产于我国的所有野生动物（如犀牛、食蟹猴、袋鼠、鸵鸟、非洲象、斑马等），分别核准为国家一级和国家二级重点保护野生动物。

（四）本次评估数据的来源

为了准确评估我国灵长类动物的濒危状况，本次评估数据主要来源于公开发表的学术数据和评估团队的野外调查数据，评估团队对数据进行检测、筛选后采用，确保评估结果可靠。

评估数据主要包括：

（1）近年来启动的全国动物调查与灵长类野外调查数据；

（2）评估团队多年来在国内外开展的野外灵长类动物调查数据，包括各物种的分布范围、种群大小及变化情况、受威胁因素及程度等信息；

（3）国内外期刊上正式发表的学术论文及硕士／博士学位论文；

（4）IUCN官方数据库资料。

懒猴科 Lorisidae

懒猴亚科 Lorinae

蜂猴属 *Nycticebus*

蜂猴 *Nycticebus bengalensis* (Lacépède, 1800)

英文名： Bengal Slow Loris

模式产地： 印度西孟加拉邦

鉴别特征： 体长26～38cm，尾长1～2cm，体重1.2～2.0kg。面圆，眼大，尾极短，隐于毛被之中，体形呈圆筒状。全身被以浓密短毛。四肢粗短，手掌宽大，拇指和食指不甚发达，除后肢第二趾具爪外，其余各趾（指）均具扁平指甲。头、颈和前肩主要为灰白色；眼圈为淡黑色；耳周、耳背为棕褐色；体背、前肢上部和整个后肢为褐棕色；从额顶至臀部沿被中线有1条暗褐色脊纹，颈枕的脊纹较窄，为棕黄色，肩背部暗色脊纹较宽，为棕黑色。肘部、手背、足背及腹面毛均为灰白色。

IUCN发布的物种评估结果

　　IUCN受威胁物种红色名录类别及标准：濒危
Endangered A2acd+3cd+4acd

　　评估日期：2015年12月23日

本次物种评估结果

　　IUCN受威胁物种红色名录类别及标准：濒危
Endangered A2acd

　　中国受威胁物种红色名录类别及标准：濒危
Endangered A2acd

　　评估日期：2022年8月30日

评估理由

　　蜂猴种群分布和栖息地现状符合濒危（EN）标准中的A2类，符合直接观察（a）、占有面积减少、分布范围减少和（或）栖息地质量下降（c），实际的或潜在的开发水平（d）标准；由于栖息地的丧失和来自狩猎的严重压力，在3个世代（21～24年）时间里，种群数量减少了50%以上。因此，蜂猴可以评为濒危（EN）级别。

蜂猴成年个体　陈明勇 / 提供

蜂猴成年个体　赵超 / 摄影

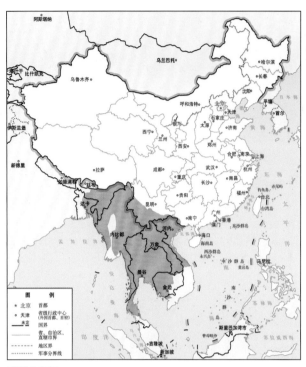

蜂猴分布图

我国分布的蜂猴同样依据这个标准被评为濒危（EN）。

国家保护级别评估结果

国家一级重点保护野生动物

CITES附录（2019）

附录Ⅰ

分布范围

蜂猴分布于印度、孟加拉国、缅甸、老挝、泰国、越南、柬埔寨、马来西亚和中国（云南西部、南部和中部，广西西南部）。

种群数量

在老挝，蜂猴分布在大片森林地带，种群相对稳定。但是，Duckworth（1994）和Ratajszczak（1998）都报道该物种在老挝非常罕见，前者报道的遇见率为0.30～0.65只/km，后者经过几周的调查仅发现了3只。在印度，蜂猴的遇见率从0.1只/km到0.77只/km不等，在阿萨姆邦的4个点观测到10只，当地村民和森林工作人员反映，许多地区该物种已经消失了（Radhakrishna et al.，2006）。在越南，蜂猴种群数量严重减少，在大多数森林中已经很难见到蜂猴的活动痕迹，可能蜂猴已从许多森林中消失（Fitch-Snyder and Thanh，2002）。在泰国，蜂猴的种群数量相对较多，如在泰国东北部

的Sakaerat生物圈保护区（Sakaerat Biosphere Reserve，SBR），通过样线调查法调查了157.5km长的样线（65夜），总共发现懒猴68次，总遇见率为0.54只/km（Radhakrishna et al.，2006）。在我国，全国第二次陆生野生动物资源调查之懒猴种群数量及栖息地专项调查发现，蜂猴分布于我国与缅甸、越南和老挝接壤的边境地区，数量1300余只。

栖息地现状

蜂猴是一个栖息于乔木、在夜间活动的灵长类动物，常常在热带常绿雨林、半常绿森林和潮湿的落叶林中活动，喜欢在树冠较高的区域和森林边缘生活。调查发现，人工林中蜂猴的种群密度最高（27只/km²），其次是干旱常绿林（17只/km²），干燥的龙脑香林中蜂猴的种群密度最低（4只/km²）（Oliver et al.，2019）。但是，由于森林砍伐和土地开发过程的不断加剧，蜂猴栖息地遭到破坏的情况越来越严重，使它们被迫生活在灌木林中。在过去的24年中（截至2015年），蜂猴栖息地的森林损失超过30%。在柬埔寨等国家的一些地方，狩猎导致蜂猴种群数量持续下降。在我国，蜂猴主要栖息于海拔1200m以下的热带和亚热带森林中，栖息地破碎化严重威胁蜂猴的生存。

生存影响因素

盗猎　人为捕捉贩卖是导致蜂猴种群数量急剧下降的重要因素。Radhakrishna等（2006）的研究表明，在人类定居点附近的保护区，狩猎压力可能相对更大，猎杀野生动物以获取肉类食用在印度东北部的阿萨姆邦随处可见，虽然人们不会有计划地捕杀蜂猴，但猎人会在森林的外围地区用棍棒或陷阱捕杀蜂猴作为食物。Nijman等（2014）的调查结果显示，在缅甸勐拉，每年有超过1000只蜂猴被交易。

栖息地破坏　热带雨林、季雨林和季风常绿阔叶林的被砍伐造成蜂猴栖息地缩小和丧失是蜂猴濒危的主要原因。Radhakrishna等（2006）的研究认为，在印度东北部的阿萨姆邦，非法砍伐树木是导致蜂猴栖息地减少的主要原因，还有一些地区为了扩大农业耕地，烧毁山坡上的森林后进行农业耕种，这使得整个山坡上的植被被清除，导致蜂猴栖息地消失。在我国，由于热带地区工农业开发力度大，导致蜂猴生活的热带雨林、季雨林、季风常绿阔叶林遭到破坏，蜂猴栖息地破碎化现象十分严重。

道路影响　由于蜂猴行动迟缓，在生境斑块之间进行迁移活动时，道路致死也是一个重要的影响因素。在印度阿萨姆邦和梅加拉亚邦大部分森林保护

区的调查发现，超速行驶的车辆撞死蜂猴的概率较高（Radhakrishna *et al.*，2006）。

管理对策

◆ 加大对蜂猴非法捕捉、贩卖的打击力度。

◆ 加强蜂猴栖息地的保护，对蜂猴分布区的保护地进行严格保护。

◆ 加强保护宣传教育，提高当地居民对蜂猴等灵长类动物保护价值和违法成本的认识，使当地居民自觉地加入蜂猴及其栖息地的保护行列。

◆ 制定切实可行的保护管理计划，扩大相关保护区建设。

◆ 加强蜂猴基础生物学研究的投入，尤其要关注蜂猴生态学与行为生态学相关的研究，并不断深入探究。

倭蜂猴 *Nycticebus pygmaeus* Bonhote, 1907

懒猴科 Lorisidae

懒猴亚科 Lorinae

蜂猴属 *Nycticebus*

英文名：Pygmy Slow Loris

模式产地：越南芽庄

鉴别特征：倭蜂猴体长一般为21～26cm，尾长约1.0cm，体重一般为250～800g。形态特征与蜂猴属的其他物种非常相似，但相对而言，倭蜂猴体型较小，头圆，眼大；毛密而柔软，呈丝绒状，赤褐色，毛尖灰白色。背脊在夏季无深色纵纹，在冬季有深色纵纹。鼻部至额顶有白纹。

IUCN发布的物种评估结果

　　IUCN受威胁物种红色名录类别及标准：濒危 Endangered A2cd+4cd

　　评估日期：2015年12月23日

本次物种评估结果

　　IUCN受威胁物种红色名录类别及标准：极危 Critically Endangered A2acd

　　中国受威胁物种红色名录类别及标准：极危 Critically Endangered A2acd

　　评估日期：2022年8月30日

评估理由

　　据推测，在未来24年里倭蜂猴的种群数量将继续下降至少50%。数量的减少主要是由于宠物贸易、食用和药用等形成的狩猎行为，这都可以从市场上倭蜂猴的售价被不断抬高和其种群数量不断减少的调查数据中得到证实。此外，倭蜂猴还受到并将继续受到人类居住区和农业耕地的增加导致其栖息地缩小的影响，特别是腰果、玉米和水稻的种植（Blair *et al.*，2021）。倭蜂猴种群分布和栖息地现状符合极危（CR）级别中的A2标准，符合直接观察（a）、占有面积减少、分布范围减少和（或）栖息地质量下降（c），实际的或潜在的开发水平（d）的标准；由于栖息地的丧失和来自狩猎的严重压力，在3个世代（21～24年）的时间里，数量减少了50%。因此，倭蜂猴可以评为极危（CR）级别。

倭蜂猴成年个体　陈敏杰／摄影

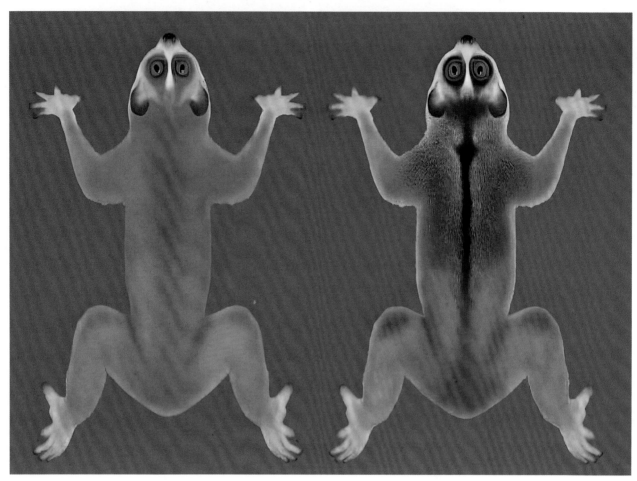

倭蜂猴夏季（左）和冬季（右）的脊背条纹　陈敏杰／摄影

我国分布的倭蜂猴同样依据这个标准被评为极危（CR）。

国家保护级别评估结果

国家一级重点保护野生动物

CITES附录（2019）

附录 I

分布范围

倭蜂猴分布在中国（云南东南部）、老挝、越南和柬埔寨。在老挝和柬埔寨的西部分布范围尚不确定，但在湄公河平原的最西部似乎没有分布。在中国境内的分布极为狭小，仅分布于云南的河口、金平、绿春、麻栗坡、马关、蒙自、屏边、文山等地。

种群数量

倭蜂猴野外种群数量的报道不多，大多数据都是估计数值。在越南，Dang（1998）报道整个越南境内的野生倭蜂猴为600～700只，越南是倭蜂猴分布范围最广且数量最多的国家。在老挝，Duckworth（1994）

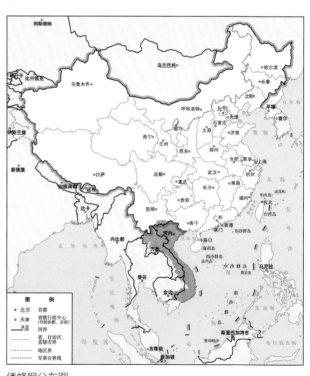

倭蜂猴分布图

在Phou Xang He国家生物多样性保护区7个晚上的野外样线调查中遇见4只倭蜂猴。在柬埔寨，Starr等2006～2009年在3个主要的自然保护区森林采用聚光照射法进行夜间实地调查，评估倭蜂猴的种群密度，在29条样线（全长129.5km）的调查中遇见26只倭蜂猴，其中，Keo Seima野生动物保护区的平均遇见率为0.40只/km，Phnom Prich野生动物保护区的平均遇见率为0.10只/km，蒙多基里省森林保护区的平均遇见率为0.00只/km（Starr *et al.*，2012）。根据2000年初的估计，我国倭蜂猴（包括其同物异名的蜂猴）数量为500只左右；2004年野生动物调查发现云南黄连山国家级自然保护区内的倭蜂猴数量少于30只（向左甫等，2004）。目前，根据倭蜂猴的调查研究资料总体估计，在我国境内倭蜂猴种群数量可能仅有100～150只。

栖息地现状

倭蜂猴是一种栖息于乔木夜间活动的灵长类动物，常常在热带与亚热带雨林、常绿阔叶林、竹林等生活，选择有藤本缠绕的高大乔木的枝丫、稠密的灌木或竹林的竹枝上端作为栖息位点，栖息位点通常离地面8m以上。

在我国，倭蜂猴多在海拔500m以下的原始热带雨林中生活。

生存影响因素

非法贸易　非法贸易是目前倭蜂猴生存的最大的威胁之一。近几十年，越南、老挝等非法捕捉、贩卖倭蜂猴的情况仍然十分严重，交易量的激增导致倭蜂猴数量锐减。

栖息地丧失　大量热带天然森林的砍伐造成倭蜂猴栖息地丧失和破碎化，导致倭蜂猴种群间交流受到严重阻碍，影响了物种的生存和繁衍。

管理对策

◆ 加大对非法捕捉、贩卖倭蜂猴的打击力度，保护倭蜂猴种群。

◆ 加强倭蜂猴栖息地的保护，积极恢复野外适宜栖息地，加强与扩大现有自然保护区的建设。

◆ 加强保护宣传教育，促进当地居民自觉地加入倭蜂猴及其栖息地的保护行列。

◆ 科学饲养促进繁衍，野化训练促进放归自然，拯救野外种群。

◆ 尽快开展专项调查，摸清本底资料。

◆ 加强倭蜂猴行为生态学方面的研究。

猴科 Cercopithecidae

猴亚科 Cercopithecinae

猕猴属 *Macaca*

红面猴 *Macaca arctoides* (Geoffroy, 1831)

英文名：Stump-tailed Macaque

模式产地：越南南部

鉴别特征：雄性体长51.7～65cm，尾长1.7～8cm，体重9.9～15.5kg；雌性体长48.5～53cm，尾长1.7～6cm，体重7.5～9.1kg。皮毛长而柔滑，成年雄性肩胛区的毛发长可达115mm。背部皮毛的颜色通常是棕色，偶尔带红色或黑色。四肢的外表面颜色与躯干大致相同，或略淡。短尾的被毛从浓密到部分无毛不等。腹部的毛较薄，比背部的毛颜色略浅，但比可见的腹部皮肤深得多。冠毛从中心向外辐射，在后面和两侧都很长。前冠毛短而棕色，形成秃顶的外观。侧须和胡须比背毛略白。面部，包括颧骨区域，毛发稀疏。眼眶和颧骨区域的皮肤为粉红色或红色，鼻子和嘴巴周围的皮肤介于黄色和黑色之间。成年雌性和成年雄性的颜色大致相同。在老年时，雌雄都会出现斑驳的白发，面部皮肤可能会失去红色。初生婴猴的皮毛呈白色，面部皮肤呈淡粉色，之后，婴猴背部的皮开始变暗，逐渐从白色到灰褐色，再到下背部的棕色。大约1岁时，躯干的背表面变为棕色。

IUCN发布的物种评估结果

IUCN受威胁物种红色名录类别及标准：易危Vulnerable A2cd+3cd

评估日期：2020年9月16日

本次物种评估结果

IUCN受威胁物种红色名录类别及标准：易危Vulnerable A2cd+3cd

中国受威胁物种红色名录类别及标准：易危Vulnerable A2cd+3cd

评估日期：2022年8月30日

评估理由

根据易危（VU）级别中A2标准下面的占有面积减少、分布范围减少和（或）栖息地质量下降（c），实际的或潜在的开发水平（d）方面的资料，观察、估计、推断或猜测，过去10年或者3个世代内，种群数量减少的原因可能还未终止或被认识或可逆，种群数量至少减少30%（A2cd）；根据易危（VU）级别中A3标准下面的占有面积减少、分布范围减少和（或）栖息地质量下降（c），实际的或潜在的开发水平（d）方面的资料，推断或者猜测，今后10年或者3个世代内（取更长的时间，最大值为100年），种群数量减少的

红面猴成年雄性个体　李家鸿／摄影

原因可能还未终止或被认识或可逆，种群数量至少减少30%（A3cd）。红面猴的种群生存现状被评估为易危（VU）级别。

我国分布的红面猴同样依据这个标准被评为易危（VU）级别。

国家保护级别评估结果

国家二级重点保护野生动物

CITES附录（2019）

附录II

分布范围

红面猴分布于柬埔寨、印度、孟加拉国、老挝、缅甸、泰国、越南和中国。早前有调查研究表明，红面猴在孟加拉国东部有分布，然而近年来孟加拉国关于红面猴的研究报道极少，红面猴是否在孟加拉国还有分布需要进一步野外调查研究予以核实。在我国，红面猴分布于广东、广西、湖南、贵州、江西、福建、云南和西藏等（Li *et al*.，2018；Ji and Jiang，2004）。

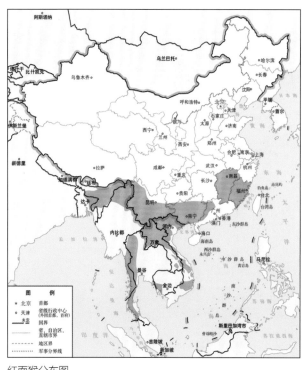

红面猴分布图

种群数量

红面猴在印度受到严重威胁，在缅甸和越南数量下降，在泰国被列为濒危物种，在老挝和柬埔寨其种群数量也不容乐观。由于栖息地的丧失和狩猎，预计老挝、越南、印度、缅甸的下降速度将更快。在我国，红面猴的数量相对比较稳定，在云南西部该物种仍然常见。最近报道显示，有些地区红面猴种群数量急剧下降，但总体估计在我国红面猴整体的种群数量约为3700只（Li *et al.*，2018）。

栖息地现状

红面猴适宜栖息地范围广泛，偏好栖息于热带常绿阔叶林，活动海拔为50～2800m，也能够在次生林中生活。但是多数红面猴的栖息地受到人为活动干扰，生境破碎化现象十分严重。

基于现有资料，依据适宜栖息地面积占全国总面积的百分比，我们采用最大熵模型（MaxEnt模型）预测了我国未来30年、50年红面猴的种群分布动态。结果表明，至2050年，红面猴潜在适宜栖息地面积在西藏东南部、四川东南部、贵州中部、湖南南部、福建东部等区域将增加0.35%，在广西南部、广东中部、云南南部等区域将减少0.75%；至2070年，红面猴潜在适宜栖息地在西藏东南部、四川东南部、贵州中部、湖南南部、福建东部等区域将增加0.31%，在广西南部、广东中部、云南南部等区域将减少1.05%。总体来看，红面猴在我国境内的适宜栖息地面积呈下降趋势。

生存影响因素

由于红面猴在世界和中国范围内的数量、分布、栖息地状况等缺乏系统资料，导致灵长类研究学者对红面

红面猴成年雌性个体和婴猴　李家鸿／摄影

红面猴成年个体　马晓锋 / 摄影

猴的种群数量与生存影响因素了解不清楚。从已有资料来看，红面猴种群数量在全世界范围内和我国境内均有明显的下降趋势，可能存在有些国家或局部地区乱捕滥猎的现象。另外，由于人类活动的影响，红面猴栖息地也遭到不同程度的破坏，这也是造成红面猴数量衰减的重要因素之一。从保护区的层面来看，以红面猴为保护目标的保护区尚待建立，该物种许多种群尚不在保护区范围内。

管理对策

◆ 开展红面猴种群数量专项调查。从现有的资料来看，不论是世界范围内还是我国范围内，红面猴的种群数量与分布状况均缺乏系统调查。建议开展种群专项调查，建立全国种群动态监测网络。

◆ 加强地域种群的保护与管理。红面猴在不同国家或地区的种群实际上是作为独立的地域种群而存在，每个地域种群也是彼此独立地发展，因此应坚持各个地域种群的保护，使之不会因近亲繁殖和遗传漂变而导致种群衰退或灭绝。

◆ 加强针对红面猴分布区的自然保护区建设。

台湾猕猴 *Macaca cyclopis* (Swinhoe, 1862)

英文名： Taiwan Macaque

模式产地： 台湾高雄

鉴别特征： 雄性体长47.5～65cm，尾长43.5～50cm，体重6.3～18.5kg；雌性体长42～60cm，尾长35～41cm，体重5.5～9.5kg。雄性的头身平均长度比雌性长14%。背部毛色为黄褐色，腰骶区域毛色为金棕色。冠部通常比胸部略显苍白。四肢的外表面与躯干相邻表面的颜色大致相同。尾巴背表面近1/3的颜色与腰骶区大致相同，但远2/3的颜色为深灰棕色至明显的黑色；成年雄性比成年雌性肤色更深。四肢和尾巴表面毛色呈浅灰色。毛发稀疏的面部的皮肤是粉红色到红色的，而前额和面颊周围有一圈模糊的有点细长的黑色毛发。婴猴的毛色呈深灰色或黑色，到9个月大时与成年个体的皮毛颜色大致相同。

猴科 Cercopithecidae

猴亚科 Cercopithecinae

猕猴属 *Macaca*

IUCN发布的物种评估结果

IUCN受威胁物种红色名录类别及标准：无危Least Concern

评估日期：2015年12月21日

过去IUCN评估结果

2008-无危（LC）

2000-易危（VU）

1996-易危（VU）

1994-易危（VU）

1990-易危（VU）

1988-易危（VU）

本次物种评估结果

IUCN受威胁物种红色名录类别及标准：无危Least Concern

中国受威胁物种红色名录类别及标准：无危Least Concern

评估日期：2022年8月30日

评估理由

台湾猕猴虽然分布区狭窄，但是种群数量较大，近20年来数量基本保持稳定（260 000只左右）。因此，台湾猕猴不满足濒危标准，且由于数量比较稳定，近期也不太可能变成易危种，因此也不满足近危条件，建议评为无危（LC）级别（Wu and Long，2020）。

台湾猕猴是我国特有种，因此IUCN物种评估结果也是我国物种评估结果，为无危（LC）级别。

国家保护级别评估结果

目前，台湾猕猴被IUCN评估为无危（LC）级别，其种群数量较多且稳定，不具有明显的濒危性。但由于

台湾猕猴是我国特有种，且在科研、文化上价值特殊，仍然具有珍贵性。因此，本次评估将台湾猕猴保护级别由国家一级重点保护野生动物（2021）调整为国家二级重点保护野生动物。

台湾猕猴成年雄性个体 邓彦龄／摄影

CITES附录（2019）

附录 II

分布范围

台湾猕猴是我国特有种，仅分布于我国的台湾岛，目前在中部山脉能够观察到活动种群，在山脉的外围海拔较低的森林中也有分布。1986年发表的数据表明，台湾猕猴在台北、宜兰、花莲、台东、屏东、高雄、南投、彰化、台中等有分布（Masui *et al.*，1986）。2021年发表的数据表明，台湾猕猴在宜兰、新北、桃园、苗栗、台中、南投、云林、嘉义、台南、高雄、屏东、台东、花莲有分布（范孟雯等，2021）。因此，从过去的调查看，台湾猕猴的分布范围有所增加。

种群数量

2000年以前，虽然文献对台湾猕猴有分布的描述，但没有种群数量的报道。2000年第一次统计整个台湾岛的猕猴数量，有猴群10 404群，约260 100只（Wu and Long，2020）；2015～2019年调查有10 500群，约

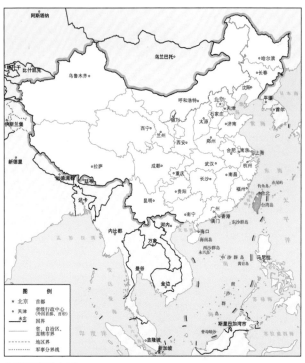

台湾猕猴分布图

262 500只（范孟雯等，2021）。因此，台湾猕猴过去20年种群变化不显著，种群数量保持稳定（范孟雯等，2021）。

由于台湾猕猴种群连续多年保持较大数量，同时种群数量保持相对稳定（2000年约260 100只，2015～2019年约262 500只）（范孟雯等，2021）。屏东科技大学苏秀慧教授认为台湾猕猴整体的种群生存环境和以前相比没有太大差别。因此，我们认为台湾猕猴种群至少在近10年内可以保持稳定，数量维持在26万只左右。

栖息地现状

台湾猕猴的栖息地主要是林地（占96.98%）（范孟雯等，2021），在次生林也常有分布，并进入农田觅食。栖息地海拔范围从海平面到海拔3600m，最常出现在海拔1000～1500m的阔叶林中，栖息地总面积约为27 667km^2（Wu and Long，2020）。台湾猕猴主要分布于5个公园和12个自然保护区（Wu and Long，2020）。

生存影响因素

狩猎　台湾猕猴目前受到的主要威胁是狩猎（蒋志刚，2020；Wu and Long，2020）。由于台湾猕猴在2019年已被移出台湾地区保育物种名单，当地人在人身安全或者财产受到威胁时可以正当防卫猎杀台湾猕猴。

人猴冲突　台湾猕猴目前受到的另一威胁是人猴冲突。农业用地的扩大，加上猕猴喜欢吃水果等农产品，

台湾猕猴成年雌性个体和婴猴　邓彦龄/摄影

导致人与猕猴的接触更多，人猴冲突十分严重（Wu and Long，2020）。

管理对策

◆ 加强对猎杀台湾猕猴的管理。台湾猕猴目前受到的主要威胁是狩猎，而且允许当地人在有条件的情况下捕杀。但是必须加强监测和管理，在开展必要的捕杀前做好前期报备，在捕杀后对猕猴数量、捕杀地点、捕杀时间、猕猴性别、是否成年、捕杀原因等进行报备。做到杀猴可以不惩罚，但是如果对杀猴事件隐瞒不报要有惩罚。

◆ 加强对台湾猕猴种群数量的调查。建议每10年对全岛猕猴数量进行统计分析，依据调查结果制定相应保护对策，以免出现因政策失误导致的种群数量的较大波动。

猴科 Cercopithecidae

猴亚科 Cercopithecinae

猕猴属 *Macaca*

猕猴　*Macaca mulatta* (Zimmermann, 1780)

英文名： Rhesus Macaque

模式产地： 印度（具体地点不详）

亚种分化： 全世界约10个亚种，我国有6个亚种。

川西亚种 *M. m. lasiotus* (Gray, 1868)，模式产地：四川；

华北亚种 *M. m. tcheliensis* (Milne-Edwards, 1870)，模式产地：河北遵化；

西藏亚种 *M. m. vestitus* (Milne-Edwards, 1892)，模式产地：西藏纳木错（"Tengri Nor"）；

福建亚种 *M. m. littoralis* (Elliot, 1909)，模式产地：福建挂墩山；

海南亚种 *M. m. brevicaudus* (Elliot, 1913)，模式产地：海南岛；

印支亚种 *M. m. siamica* Kloss, 1917，模式产地：泰国清迈。

鉴别特征： 雄性体长41～66cm，尾长12.5～31cm，体重1～14.1kg；雌性体长37～58cm，尾长12.5～28cm，体重3～10kg。猕猴体长和体重随纬度的增加而增加，尾长随纬度的增加而减小。猕猴上背部的皮毛从黄灰色到金棕色再到焦橙色不等，冠、颈和头部两侧的颜色与上背部大致相同。冠毛通常光滑，向后伸展。头部两侧的毛发通常在靠近下巴部位形成一个小的峰或轮状（颧下峰）。除上眼睑缺乏色素外，面部毛发稀疏的皮肤呈淡褐色至红色。下背部的皮毛从金棕色到焦橙色再到强烈的焦橙色不等。腹部毛色为褐色。四肢近端背毛与相邻躯干背毛颜色相似。尾巴的底部与下背部的颜色大致相同。躯干和四肢的腹面有稀疏的毛，呈灰白色至白色。

IUCN发布的物种评估结果

IUCN受威胁物种红色名录类别及标准：无危Least Concern

评估日期：2015年12月20日

过去IUCN评估结果

2008-无危（LC）

2000-近危（NT）

1996-近危（NT）

本次物种评估结果

IUCN受威胁物种红色名录类别及标准：无危Least Concern

中国受威胁物种红色名录类别及标准：无危Least Concern

评估日期：2022年8月30日

评估理由

作为分布最广泛的一种非人灵长类动物，猕猴广布于亚洲南部、中国中部和南部大部分地区，能适应各种类型的栖息地，种群数量多且相对稳定。参照IUCN受威胁物种红色名录类别及标准3.1版中的濒危级别评价标准，猕猴被列为无危（LC）级别。

国家保护级别评估结果

国家二级重点保护野生动物

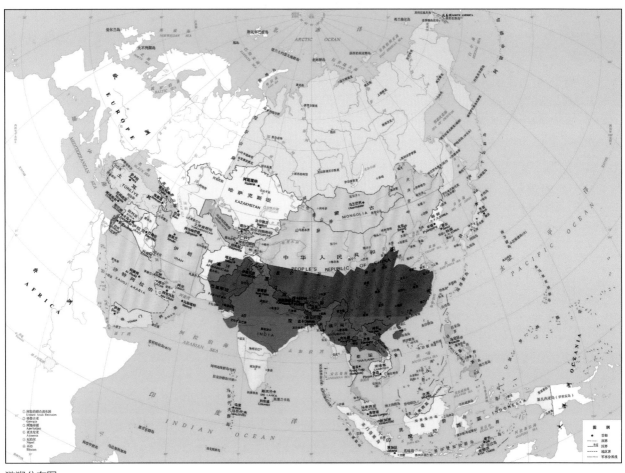

狝猴分布图

CITES附录（2019）
附录Ⅱ
分布范围

　　国外分布于阿富汗、巴基斯坦、印度、克什米尔地区、尼泊尔、不丹、孟加拉国、缅甸、泰国、老挝、越南。国内分布于青海、山西、河南、河北、西藏、陕西、贵州、四川、重庆、云南、湖北、湖南、安徽、福建、江西、浙江、广东、广西、海南和香港。

　　从世界范围来看，狝猴分布于北纬15°到北纬36°之间的广大区域，涵盖东亚、东南亚和南亚大部分地区，包括阿富汗、孟加拉国、不丹、中国中部和南部、印度中部和北部、老挝、缅甸、尼泊尔、巴基斯坦、泰国北部和越南北部。从印度中部和东部的克里希纳河以北到印度西部的达布蒂河下游以北，向北到阿富汗、尼泊尔、印度（锡金）、不丹，并向东北进入中国，一直延伸至长江中游及华北地区。部分国家和地区，如印度克里希纳河以南、中国香港附近的小岛、美国佛罗里达州的部分地区和波多黎各附近的岛屿，有狝猴引入并建

立种群的记录。局部地区狝猴分布范围有向外拓展的趋势，如Kumar等（2011）报道，狝猴分布范围向南扩展了3500km²，时而与冠毛狝猴（*Macaca radiata*）混群，时而各自以独立种群实现同域共存。

　　在我国，西藏亚种分布于西藏东南部和云南西北部；川西亚种分布于青海、四川西部和云南西北部；海南亚种分布于广东和海南以及香港附近的小岛；福建亚种分布于陕西、贵州、四川、云南、湖北、湖南、安徽、福建、江西、浙江、广东和广西；华北亚种分布于山西、河南和河北；印支亚种分布于云南。

　　狝猴广泛分布于我国的中部和南部地区（路纪琪，2020；路纪琪等，2018）。张荣祖等（2002）报道，狝猴分布于我国的18个省（自治区），包括安徽、福建、甘肃、广东、广西、贵州、海南、河南、湖北、湖南、江西、青海、山西、陕西、四川、西藏、云南和浙江，共计432个县（市、区）。本次评估采用文献调研、问卷调查以及电话采访调查等方法，对狝猴在我国的地理分布现状做了核对和梳理。结果表明，截至2021年，狝

猴在我国分布于20个省（自治区、直辖市），增加了河北（兴隆县）和重庆，县域数增加到485个。河北省兴隆县曾分布有孤立的野生猕猴种群，已于1987年被认为灭绝（Zhang *et al.*，1989）；然而，自2004年以来，有一些关于猕猴在该地区出现的新闻报道，可能为重新引入种群。猕猴华北亚种是我国猕猴的特有亚种。

种群数量

猕猴广泛分布于南亚、东南亚和东亚。种群数量相当大，与人类的共生关系日益增加，导致猕猴自然分布区出现了一些破碎化现象（Molur *et al.*，2003）。在老挝和越南，狩猎猕猴已经严重影响猕猴种群的发展。在印度，调查发现猕猴种群密度为0.44个/km^2，平均群体大小为12.3只/群；西姆拉猕猴种群密度为37.02只/km^2，平均群体大小为16.65只/群（6～38只/群），总个体817只（IUCN网站），但在印度东北部的森林中较为罕见。

在我国，猕猴曾遭到较为严重的偷猎、乱捕、非法交易，加上大量森林被砍伐，使猕猴的适宜栖息地被破坏而大量丧失，导致猕猴种群数量从254 000只（马世来和王应祥，1988）锐减到78 000只左右（张荣祖等，2002）。随着我国退耕还林等自然保护政策的持续实施，《中华人民共和国野生动物保护法》的颁布实施和大量自然保护区的建立，使近二三十年来野生猕猴得到了有效保护，栖息地质量有所提升，种群数量呈上升趋势（路纪琪等，2018）。

猕猴在我国的地理分布较为广泛，自然种群数量相对较多，目前比较准确的种群数量报道非常稀少。蒋志刚（2020）报道，目前我国猕猴种群数量为100 000只左右。路纪琪等（2018）报道，以2000年的78 000只（张荣祖等，2002）作为初始值，按年平均增长率2%（低值）计算，我国目前猕猴种群数量约为115 900只。基于我国猕猴的种群现状，在不受人类活动干扰等的情况下，猕猴的种群数量将长期保持稳中有升的发展态势。

栖息地现状

猕猴是全世界分布范围最广、种群数量最多的非人灵长类动物，分布于海平面到海拔4200m（青海省玉树州）的高山环境，能适应不同类型的栖息地，包括温带针叶林、针阔混交林、常绿和落叶阔叶林、红树林、灌丛、热带雨林，以及人类居住地及其周边地区，

猕猴群体　路纪琪 / 摄影

如耕地、寺庙和路边等（Singh *et al.*，2020）。但总体而言，猕猴属于依赖森林环境栖息的物种（Fooden，1982）。

　　由于人为活动、自然因素的影响，我国森林覆盖率曾一度下降到10%以下。1990年以来，我国政府全面实施了退耕还林、退牧还草等生态保护政策，全国的森林面积从157.1万km²增加到216.2万km²，森林覆盖率从16.7%提高至23.04%。联合国粮食及农业组织（Food and Agriculture Organization of the United Nations，FAO）的统计数据显示，在世界森林面积持续下降的大背景下，中国成为森林资源增长最快的国家之一（https://data.worldbank.org/indicator/AG.LND.FRST.K2）。中国森林资源的持续增长使猕猴赖以生存的环境得以逐渐恢复，猕猴栖息地面积有所增加，栖息地质量有一定程度的改善。

生存影响因素

　　栖息地丧失和退化　尽管猕猴的原始栖息地因人类社会的发展而大面积消失，但是该物种并没有因此受到致命的威胁（Singh *et al.*，2020）。

　　人猴冲突　猕猴极易在人类聚居地周围生存，人类对猕猴的态度从喜爱、保护到恐惧、憎恶，表现形式各不相同。在与猕猴共存的地区，有人认为猕猴会破坏农作物和财产，故而把猕猴当作害兽进行防范。在旅游景区，猕猴为了获取食物而骚扰、威胁游人，甚至发生伤人事件（匡中帆等，2012），这种现象使人们对猕猴产生恐惧，甚至充满敌意，进而恐吓、驱赶、追打猕猴，由此造成人猴之间相互作用的恶性循环，使猕猴保护工作形势进一步复杂化。对于猕猴来说，受人类的最大影响莫过于因人工投食、近距离接触而导致的食性改变、行为异常、疫病传播风险升高等（路纪琪，2020；路纪琪等，2018）。近年来，在一些以猕猴为主要观赏对象的旅游景区，有些人为博取网络流量，以所谓献爱心、保护、关心动物的名义，向猕猴群体长期或大量投喂面包、蛋糕、蔬菜等非自然食物，甚至采用"嘴对嘴"的危险喂食方式。特别是2020年以来，已有灵长类动物因人而感染新型冠状病毒的报道。尽管尚无野生猕猴感染新型冠状病毒的报道，但是猕猴具有易与人接近、接触的特殊习性，且猕猴是一种常用的实验动物，人猴接触及实验用猴逃逸等问题都会对野生猕猴的健康和种群发展产生威胁。

猕猴雄性个体　路纪琪／摄影

猕猴雌性个体　路纪琪／摄影

种群引入　猕猴的盲目引入也是值得关注的问题。国内部分地区为了开展所谓的生态旅游，未经科学论证和野生动物管理部门的审核、批准，通过非正常交易渠道，向当地引入来源不明、遗传背景不清的猕猴个体，并逐步建立种群。有些地区在早期对引入猕猴进行圈养或笼养，但因管理不善，或者资金入不敷出而难以为继，最终将引入的猕猴散放于野外，任其自生自灭。由此可能导致严重而不良的生态学后果，必将污染土著种群的遗传多样性。

管理对策

◆ 严格执行生态补偿政策，解决保护与发展的冲突，恢复猕猴的适宜栖息地。

◆ 提高本底调查精度，除"有/无"信息外，尽可能调查猕猴在保护区内外的种群数量，为科学管理提供依据。

◆ 加强野生动物疫病防控，严禁私自投喂和近距离接触野生猕猴，防止野生动物疫病传染引起公共卫生事件的发生。

◆ 在人猴冲突问题较为严重的地区，努力实现社区共管，对野生动物肇事情况进行调研，寻找可行的措施以缓解冲突。

◆ 加强对猕猴异地引入、重引入的科学评估与管理，对引入种群应加强管护。

北豚尾猴　*Macaca leonina* (Blyth, 1863)

英文名：Northern Pig-tailed Macaque

模式产地：缅甸若开邦北部

鉴别特征：雄性体长50～59.5cm，尾长18～25cm，体重6.2～9.1kg；雌性体长40～49cm，尾长16～20cm，体重4.1～5.7kg。身体粗壮而有力，尾毛稀疏。尾通常下垂，在高度兴奋时竖起。身体颜色一般为黄褐色。性二型显著，雄性面部周围有1条宽的浅灰色带，较短的垂直毛发使头顶部有1个凹的暗斑。裸露的面颊一般粉色，但眼上带蓝色。头骨的眶上嵴不显著；最后一颗上臼齿后缘有小齿尖。

猴科 Cercopithecidae

猴亚科 Cercopithecinae

猕猴属 *Macaca*

IUCN发布的物种评估结果

IUCN受威胁物种红色名录类别及标准：易危 Vulnerable A2acd+3cd

评估日期：2015年12月23日

过去IUCN评估结果

2008-易危（VU）

2000-易危（VU）

本次物种评估结果

IUCN受威胁物种红色名录类别及标准：易危 Vulnerable A2acd+3cd

中国受威胁物种红色名录类别及标准：濒危 Endangered B2b(i,ii,iii)+2c(i,ii); C2(i)

评估日期：2022年8月30日

评估理由

北豚尾猴被评估为易危（VU）物种，符合A2acd+3cd。理由是在其分布范围内，由于多种威胁，猜测在过去3个世代（36～39年）内北豚尾猴种群将减少30%，且预测在今后的3个世代内将以同样或更高的速度减少。持续的威胁包括源于新的定居点、农业、种植业及其他相关活动导致的栖息地丧失及各种原因的猎杀。该物种可能面临更高的种群下降的威胁，除非采取一些特别的行动。北豚尾猴在印度被列为濒危物种，在孟加拉国被列为极危物种。

本次评估认为我国北豚尾猴为濒危（EN）级别，符合B2b(i,ii,iii)+2c(i,ii); C2(i)标准。理由是在近年来，利用红外相机在多个地区（云南的盈江、龙陵、永德、沧源、景洪、勐腊、澜沧、思茅）及不同样区记录到北豚尾猴，显示有多个种群存在，特别是在德宏州盈江和保山龙陵的发现，显著扩大了北豚尾猴的分布范围，同时基于在糯扎渡省级自然保护区的监测，有25个红外相机位点记录到北豚尾猴。尽管有这些新发现，但是考虑到分布区呈现片段化，栖息于自然保护区以外的北豚尾猴及其栖息地保护未得到应有重视，各种人类干扰仍存在，基于IUCN受威胁物种红色名录类别及标准，通过观察、推断我国云南北豚尾猴的分布范围、占有面积、栖息地面积或范围/质量将持续衰退 [B2b(i,ii,iii)+c(i,ii)]，分布范围和占有面积可能存在极度波动 [B2c(i,ii)]，推断种群成熟个体数少于2500只，且不存在个体数超过250个的亚种群 [C2(i)]。

国家保护级别评估结果

国家一级重点保护野生动物

CITES附录（2019）

附录 Ⅱ

分布范围

从世界范围来看，北豚尾猴主要分布在孟加拉国、印度、缅甸、泰国、老挝、越南、柬埔寨和中国（云南）。

在中国，从全国第一次陆生野生动物资源调查成果报告中记录的北豚尾猴分布范围可知，北豚尾猴分布

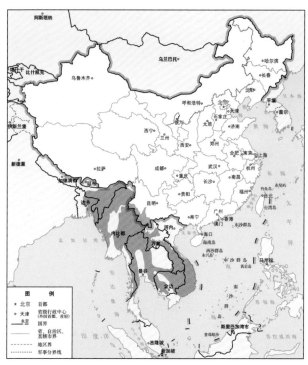

北豚尾猴分布图

北豚尾猴成年雄性个体　赵超/摄影

北豚尾猴成年个体　中国科学院西双版纳热带植物园动物行为与环境变化研究组／摄影

于我国云南的德宏州（盈江）、临沧市（永德、镇康、云县、双江、耿马、沧源）、普洱市（景东、镇沅、景谷、西盟、澜沧、孟连、宁洱、思茅），西双版纳州（勐海、勐腊）（国家林业局，2009）。近年，在云南德宏州的盈江，保山市的龙陵，临沧市的永德和沧源，西双版纳州的景洪、勐腊和勐海，普洱市的思茅等地发现了这个物种（李学友等，2020），不仅证实了原有的一些分布点，而且显示分布点范围较原有记录有明显扩大，特别是在云南铜壁关省级自然保护区盈江片区及小黑山省级自然保护区的发现，将北豚尾猴在国内的分布范围拓展到怒江以西地区。

种群数量

在印度，北豚尾猴的种群数量少于1500群，但由于栖息地的丧失，且种群数量依然正在持续下降，其生存前景不容乐观。在21世纪初，Choudhury（2003）调查发现，印度可能有大约24 000只北豚尾猴。

Feroz（2012）在孟加拉国研究表明，在21个地点研究的北豚尾猴种群平均规模为19.8只/群（13～26只/群），密度为2.5～6.9只/km²。

在缅甸没有关于北豚尾猴种群数量的详细信息，仅有零散的研究表明北豚尾猴在缅甸的分布较为分散，且由于栖息地的丧失，其种群数量可能还在持续减少。

在老挝南部和中部的大型森林区域中，北豚尾猴是较为常见的灵长类动物，但在老挝北部和越南则非常稀少（Boonratana et al.，2022）。

在柬埔寨，北豚尾猴广泛分布在现有的林区。

在泰国，北豚尾猴的种群较为稳定。

在我国，目前尚缺乏关于北豚尾猴种群数量的专项调查数据，而且早期报道大多也只是估计，如在20世纪50～60年代有3000只左右，至80年代中后期有900～1000只（马世来和王应祥，1988）。近年来，在云南一些区域或自然保护区进行生物多样性监测的过程中，在多个位点（如德宏州的盈江，保山市的龙陵，临沧市的永德、沧源，普洱市的思茅、澜沧，西双版纳州的景洪、勐腊、勐海等）记录到北豚尾猴的影像资料，其中，中国科学院昆明动物研究所团队在糯扎渡省级自然保护区进行生物多样性监测的过程中，在25个相机位点（公里[①]网格）记录到北豚尾猴的影像资料，显示其

① 1公里=1km。

北豚尾猴成年个体　中国科学院西双版纳热带植物园动物行为与环境变化研究组／摄影

种群密度显著提高。总体而言，尽管没有针对北豚尾猴种群数量与分布的专项调查，近年的红外相机监测结果表明北豚尾猴的分布范围明显扩大，部分区域（如糯扎渡省级自然保护区）可能有较高的种群密度，而目前记录到的北豚尾猴活动的区域大多在自然保护区，综合考虑到北豚尾猴为国家一级重点保护野生动物，其栖息地和种群在一定程度上会得到有效保护，未来的种群数量可保持稳定。

栖息地现状

北豚尾猴栖息于东亚、南亚和东南亚热带、亚热带地区，生活在海拔50～2000m的山地、平原原始和次生常绿阔叶林、半湿润常绿阔叶林、湿润落叶林、暖性针叶与阔叶混交林。基于目前已有的红外相机监测位点信息，北豚尾猴在云南栖息于海拔800～1700m的山地雨林、季风常绿阔叶林和半湿润常绿阔叶林中。许多北豚尾猴种群处于自然保护区中，得到较好的保护。

生存影响因素

栖息地破碎化与种群隔离　受栖息地森林植被斑块化、人类土地利用及人类活动等的影响，北豚尾猴在其分布区范围内呈不连续分布，种群存在隔离，且隔离种群多以极小种群形式存在。

偷猎与宠物饲养　尽管北豚尾猴现为国家一级重点保护野生动物，但在其分布区范围内，不时会发现当地有人将之作为宠物饲养，存在偷猎的行为。

管理对策

◆ 加强栖息地保护措施，扩展适宜栖息地面积，维持种群数量保持稳定并能有效增长。

◆ 开展北豚尾猴种群与栖息地专项调查，完善巡护监测技术措施，掌握北豚尾猴种群数量及分布格局，避免偷猎事件的发生，保障栖息地不受干扰与破坏。

◆ 加强保护宣传教育。有必要对北豚尾猴进行全方位、多形式与多渠道的物种基础知识、保护地位、受威胁因子、科研与医学价值等科普宣传教育，提高人们对北豚尾猴的认识和保护意识。

◆ 加强北豚尾猴基础生物学研究，积累其生物学基础数据，为北豚尾猴当前和未来的保护提供建议。

熊猴 *Macaca assamensis* (McClelland, 1839)

猴科 Cercopithecidae

猴亚科 Cercopithecinae

猕猴属 *Macaca*

英文名：Assam Macaque

模式产地：印度阿萨姆邦

亚种分化：全世界有2个亚种，中国均有分布。

指名亚种 *M. a. assamensis* (McClelland, 1839)，模式产地：印度阿萨姆邦；

喜马拉雅亚种 *M. a. pelops* (Hodgson, 1840)，模式产地：尼泊尔北部山区（"Kachar"）。

鉴别特征：雄性体长53.2～73cm，尾长19～36cm，体重7.9～16.5kg；雌性体长43.7～58.7cm，尾长17～29.3cm，体重4.9～8.7kg。熊猴体型比我国南方的猕猴属物种大，而且性别二态性更强。熊猴躯干背部和侧面的毛皮是棕色的，从金棕色到黑巧克力棕色不等，通常肩胛骨区域比背部下部区域更亮、更白，毛发更长。四肢和尾巴的表面颜色与躯干相邻区域相似。躯干和四肢的腹侧有稀疏的毛，颜色为灰白色到白色，腹部皮肤外露，皮肤呈淡蓝色。成年个体具有褐色到白色的面颊绒毛且下巴须突出，面部周围有带黑色的边缘毛发，眼眶上方皮肤呈淡粉色至白色，口鼻处皮肤呈褐色至紫色。婴猴毛色为明显的灰褐色。

熊猴成年个体　李家鸿 / 摄影

熊猴成年雄性个体（左）和成年雌性个体（右）　李家鸿／摄影

IUCN发布的物种评估结果

　　IUCN受威胁物种红色名录类别及标准：近危Near Threatened A2cd

　　评估日期：2015年12月23日

过去IUCN评估结果

　　2008-近危（NT）

　　2000-易危（VU）

　　1996-易危（VU）

本次物种评估结果

　　IUCN受威胁物种红色名录类别及标准：近危 Near Threatened A2cd

　　中国受威胁物种红色名录类别及标准：近危 Near Threatened A2cd+3cd

　　评估日期：2022年8月30日

评估理由

　　熊猴被评估为近危（NT）物种，符合A2cd标准。理由是由于偷猎、栖息地退化与片段化，熊猴的种群数量经历着显著减少，但这种减少在3个世代（过去36年）内其种群数量还达不到易危的级别（≥30%）。

　　本次评估认为我国分布的熊猴为近危（NT）级别，符合A2cd+3cd的标准。理由是熊猴在我国主要分布于西藏（东南部、喜马拉雅山南麓、南部和西南部）、云南（西北部、西部、东南部、南部）和广西（西部），分布范围较广。不似猕猴属其他一些物种，熊猴的群体相对较小，平均在20只/群左右（Mittermeier *et al*.，2013），在广西弄岗国家级自然保护区记录到的群体大小为15～17只/群（Zhou et al., 2014）。尽管目前我国熊猴种群数量（约8200只）的数据仍是来自20年前的全国第一次陆生野生动物资源调查，但是熊猴多栖息于人为干扰较少的原始常绿阔叶林中，许多种群生活在自然保护区内，处于比较好的保护范围中。现阶段，在原有熊猴分布范围内利用红外相机大多能记录到熊猴的活动影像，显示其分布范围或至少主要栖息地内熊猴未明显减少，无明显迹象表明熊猴在过去的3个世代（36年）中种群数量减少了30%，也无迹象表明熊猴在未来的3个世代（36年）中种群数量将减少30%。除广西的熊猴栖息于喀斯特森林生态系统中之外，分布于西藏、云南的熊猴均栖息于中高山的常绿阔叶林中，尽管不同山脉间存在隔离，但熊猴的栖息地多已建立了自然保护区，其栖息地面积及种群数量不会出现持续衰退。

国家保护级别评估结果

国家二级重点保护野生动物

CITES附录（2019）

附录Ⅱ

分布范围

熊猴分布于孟加拉国、印度、尼泊尔、不丹、缅甸、柬埔寨、泰国、老挝、越南和中国。在我国，熊猴主要分布于西藏、云南、广西（蒋学龙和王应祥，2004；Zhang et al., 1991；马世来和王应祥，1988；中国科学院青藏高原综合科学考察队，1986；李致祥和林正玉，1983；吴名川，1983）。全国第一次陆生野生动物资源调查结果显示，熊猴的分布区没有变化（国家林业局，2009），近年来的红外相机调查监测发现的熊猴基本都是在原有分布区活动。

种群数量

迄今为止，在全球范围内尚没有熊猴种群数量的调查数据（Boonratana et al., 2020a）。我国因缺乏专项调查，目前关于熊猴的种群数量大多是估计，马世来和王应祥（1988）估计中国有熊猴8000～10 000只。在广西，熊猴的数量估计在3000～4000只（Zhang et al., 1991）。全国第一次陆生野生动物资源调查结果显示全国有熊猴8220只，种群数量基本稳定，其中云南4750只、西藏2600只、广西只有870只（国家林业局，2009），显示广西的种群数量有显著减少。

栖息地现状

熊猴通常栖息于海拔1000～3000m的原始山地雨林、常绿阔叶林、针阔混交林。但在老挝、越南及中国（广西西南部），熊猴栖息于海拔1000m以下喀斯特石山环境的常绿阔叶林中，也有一些群体甚至可栖息于海拔4000m（Zhou et al., 2014；Timmins and Duckworth, 2013；潘清华等，2007）。目前，我国分布的熊猴的主要栖息地多已建立自然保护区。总体而言，熊猴的栖息地无明显变化，但不同区域依然存在着林下经济作物种植（如草果等）或放牧的干扰。

生存影响因素

熊猴目前依旧面临偷猎、栖息地退化与破碎化的影响，其种群数量还在持续下降（Boonratana et al., 2020a）。我国作为熊猴的重要分布区，有较为广泛的适宜熊猴栖息的生境，且大部分适宜生境都在自然保护区管理范围之内，保护现状比较好，但栖息地退化及偷猎仍然影响其生存，如熊猴在地面活动时可能会误入偷猎者布设的铁夹、钢丝套而受伤或致死。

管理对策

◆ 实施种群数量与分布调查，评估熊猴种群生存影响因子，为有效保护与管理提供科技支撑。

◆ 开展熊猴的行为生态学、种群生态学、繁殖生态学、社会行为学、保护遗传学等基础生态学与生物学研究。

◆ 加强保护宣传与公众意识教育，提高人们对熊猴的认识和保护意识。

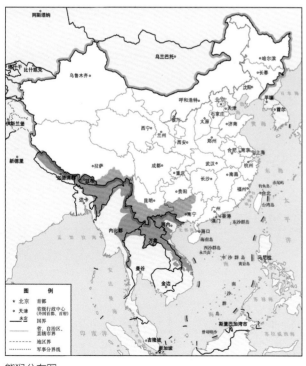

熊猴分布图

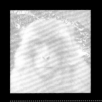

猴科 Cercopithecidae

猴亚科 Cercopithecinae

猕猴属 Macaca

白颊猕猴 *Macaca leucogenys* Li et al., 2015

英文名： White-cheeked Macaque

模式产地： 西藏墨脱格当岗日嘎布山

鉴别特征： 体型健壮，雌雄性二型明显，雄性明显大于雌性。背部毛色为黄褐色或巧克力褐色，被毛从上到下颜色一致；腹部和脖子上毛发浓密。该种幼年个体体色较黑，面部皮肤较白，毛为黑色，随着年龄的增长，该种面部皮肤逐渐变黑，面颊部和下颌部长出浓密的白毛。在成年个体中，白毛从面颊一直延伸到耳朵并覆盖耳朵，在口鼻部也长有白毛。背腹部毛色有明显差异。雄性生殖器为圆形而非箭头形。

IUCN发布的物种评估结果

　　IUCN受威胁物种红色名录类别及标准：濒危 Endangered A3cd

　　评估日期：2021年2月17日

本次物种评估结果

　　IUCN受威胁物种红色名录类别及标准：濒危 Endangered A3cd

　　中国受威胁物种红色名录类别及标准：濒危 Endangered A3cd

　　评估日期：2022年8月30日

评估理由

　　白颊猕猴在分布区域内依然面临较为严重的偷猎问题，并且大型水电站还在其分布区域内建设，如果这些影响白颊猕猴生存的因素未被排除，白颊猕猴将面临种群数量下降和栖息地丧失的威胁，据此推测其种群数量在将来的3个世代内至少减少50%。此情况符合IUCN受威胁物种红色名录类别及标准中濒危（EN）级别的A3cd标准，即根据白颊猕猴占有面积减少、分布范围减少和（或）栖息地质量在未来会下降，实际的或潜在的开发水平也会影响种群的恢复（Fan and Ma，2022）。因此，白颊猕猴的濒危级别应为濒危（EN）。

　　白颊猕猴是我国特种，我国物种评估同样依据这个标准，为濒危（EN）级别。

国家保护级别评估结果

　　2021年调整后的《国家重点保护野生动物名录》将白颊猕猴评定为国家二级重点保护野生动物。鉴于白颊猕猴种群数量稀少，分布区狭窄，且面临较强的人类活动威胁，本次评估将白颊猕猴的保护级别调整为国家一级重点保护野生动物。

CITES附录（2019）

　　附录 II

分布范围

　　白颊猕猴是2015年首次被描述的物种，首次记录是在中国西藏的墨脱（Li *et al.*，2015a），但是其分布可能延伸至西藏南部的其他区域（Chetry *et al.*，2015；Li *et al.*，2015a），有报道称在云南高黎贡山国家级自然保护区的福贡片区亦有白颊猕猴分布（赵文涵，2021）。

种群数量

　　种群数量不详，尚需调查。但由于白颊猕猴曾面临较大的捕猎压力，估计其数量极为稀少。

白颊猕猴雌性个体　李成／摄影

白颊猕猴群体　李成／摄影

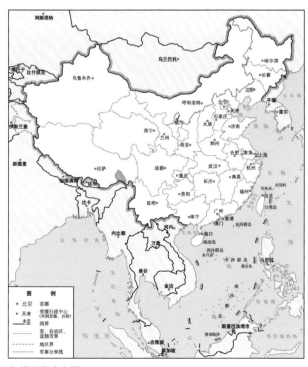

白颊猕猴分布图

栖息地现状

已发现的白颊猕猴出现在原生或次生的热带、亚热带常绿阔叶林以及针阔混交林中，墨脱的全部森林皆在雅鲁藏布大峡谷国家级自然保护区的管理范围内，当地传统的刀耕火种耕作方式已经被禁止。但是当地居民有打猎传统，尤其倾向于捕猎偷食农作物的猕猴属动物。此外，在白颊猕猴分布区域内基础设施建设的开展可能会破坏河流两侧白颊猕猴的适宜栖息地，给白颊猕猴的生存带来威胁（Li *et al.*，2015a）。在高黎贡山记录到的白颊猕猴是在高黎贡山国家级自然保护区内，当地栖息地已受到保护，森林砍伐已被禁止。

生存影响因素

白颊猕猴面临的威胁主要来自偷猎和大型基础建设的开展。

狩猎　西藏南部和高黎贡山地区的居民仍然保留着打猎传统，尽管白颊猕猴的分布区皆被自然保护区覆盖，但是由于保护区范围广且山势险峻，巡护难度较大，可能无法完全杜绝偷猎行为，这直接威胁着白颊猕猴种群。

大型工程建设　白颊猕猴的分布区域内有大型基础设施建设在开展。基础设施建设的开展是否会影响白颊猕猴的栖息地，还需要对大型工程建设对野生动物的影响进行监测并进行科学的评估，给出科学合理的管理办法（Li *et al.*，2015a）。

管理对策

◆ 在白颊猕猴分布区加强反偷猎巡护和宣传工作。

◆ 强化白颊猕猴分布区内大型工程建设项目的环境影响评价，尽可能避免破坏白颊猕猴的潜在栖息地。

◆ 开展白颊猕猴种群与分布的调查，进行生态生物学基础研究。

猴科 Cercopithecidae

猴亚科 Cercopithecinae

猕猴属 *Macaca*

藏南猕猴 *Macaca munzala* Sinha *et al.*, 2005

英文名： Southern Tibet Macaque

模式产地： 西藏错那

鉴别特征： 体型粗壮，尾相对较短，雌性比雄性要小。成年雄性体长约57cm，尾长约26.4cm，体重约14kg。身体背部呈暗巧克力色或暗褐色，躯干上部和四肢的颜色（浅褐色到橄榄色）比背部浅，一些个体腹部毛色比背部毛色要浅，大多数个体腹部毛色与肩背部毛色接近。头顶有一个浅黄色斑块，正中间一簇黑色毛发，呈旋涡状，几乎所有个体都有此特征，青少年和幼年个体更加明显。成年雄性尾较粗，尾根到接近尾尖只略微变细，但在尾尖处突然变细。而亚成年和青少年个体的尾呈鞭状，由尾根向尾尖均匀变细。成年雄性下巴突出，面上部比口鼻部宽，面上的黑色毛丛从嘴角一直延伸到眼角外侧然后再延伸到耳朵，成一条明显的黑线。阴茎头呈现典型的箭头状特征。

IUCN发布的物种评估结果

IUCN受威胁物种红色名录类别及标准：濒危 Endangered B1ab(iii,v)

评估日期：2015年12月21日

过去IUCN评估结果

2008-濒危（EN）

本次物种评估结果

IUCN受威胁物种红色名录类别及标准：濒危 Endangered C2a(i)

中国受威胁物种红色名录类别及标准：濒危 Endangered C2a(i)

评估日期：2022年8月30日

评估理由

藏南猕猴种群分布和栖息地现状符合濒危（EN）级别中的C2标准，即推断种群的成熟个体少于2500只，不存在成熟个体超过250只的亚种群［a(i)］，因此藏南猕猴可以评为濒危（EN）级别。

藏南猕猴成年雌性个体及婴幼年个体　向左甫／摄影

藏南猕猴成年雄性个体　向左甫／摄影

中国分布的藏南猕猴依据此标准也评估为濒危（EN）级别。

国家保护级别评估结果

《国家重点保护野生动物名录》（2021年）将藏南猕猴列为国家二级重点保护野生动物，但是这个物种在我国仅分布于错那，数量在1000～2000只，因此本次评估将藏南猕猴列为国家一级重点保护野生动物。

CITES附录（2019）

附录Ⅱ

分布范围

藏南猕猴亦称达旺猴，是2005年在我国藏南地区发现的新物种，分布在我国西藏错那（常勇斌等，2018）。藏南猕猴在错那的栖息地面积大约978km^2。国外，不丹、印度曾经有分布。

种群数量

根据调查，藏南猕猴的群体大小一般在12～44只/群，平均群体大小约24只/群，藏南猕猴在我国藏南

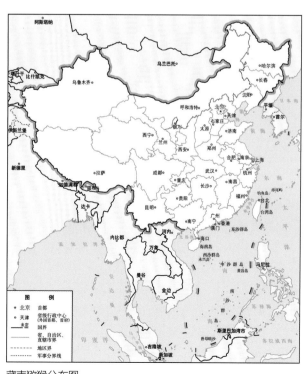

藏南猕猴分布图

藏南猕猴群体　向左甫／摄影

地区的种群数量约为41群971只。除此之外，关于藏南猕猴种群数量和分布的信息不多，目前根据基础数据粗略估计藏南猕猴种群数量在1000只左右，因此无法对其种群变化开展预测（常勇斌等，2018；Mittermeier *et al.*，2013）。

栖息地现状

藏南猕猴主要栖息在喜马拉雅山脉南麓海拔1800～3000m的喜马拉雅冷杉林中（常勇斌等，2018），有时也到落叶阔叶林、灌丛、橡树林及靠近村庄的农田地带活动（常勇斌等，2018）。公路的修建、农业耕地的扩张已经导致藏南猕猴栖息地严重退化，超过一半的猴群生活在耕地、路边和退化的森林中。

生存影响因素

由于道路建设和农业扩张导致的藏南猕猴栖息地破碎化以及非法捕猎是影响藏南猕猴种群生存的主要因素。

管理对策

◆ 开展藏南猕猴种群数量及分布区的详细调查。

◆ 强化道路建设、农业用地之前进行对藏南猕猴栖息地影响的评价，考虑降低对藏南猕猴栖息地影响的方案。

◆ 加强对周边社区的科普宣传，提升社区群众的保护意识，杜绝非法猎杀藏南猕猴的行为。

◆ 将藏南猕猴的分布区域纳入自然保护区的管辖范围内。

藏酉猴 *Macaca thibetana* (Milne-Edwards, 1870)

猴科 Cercopithecidae

猴亚科 Cercopithecinae

猕猴属 *Macaca*

英文名： Tibetan Macaque

模式产地： 四川宝兴

亚种分化： 全世界有4个亚种，均在我国分布。

指名亚种 *M. t. thibetana* (Milne-Edwards, 1870)，模式产地：四川宝兴；

福建亚种 *M. t. esau* (Matschie, 1912)，模式产地：广东（"West of Lochangho"）；

贵州亚种 *M. t. guizhouensis* Wang et Jiang, 1996，模式产地：贵州梵净山；

黄山亚种 *M. t. huangshanensis* Jiang et Wang, 1996，模式产地：安徽黄山。

鉴别特征： 雄性体长61～71cm，尾长8～14cm，体重14.2～18.3kg；雌性体长51～63cm，尾长1～8cm，体重9～13kg。藏酉猴是猕猴属物种中体型最大的一种猴，其身体粗壮，尾较短。背毛棕褐色、暗棕褐色或黑褐色，胸部浅灰色，腹毛淡黄色。额部的毛长而密，两颊也有浓密的毛。性成熟的雄猴面部青灰色，有突出的灰白胡子和浓密的颊须。面部皮肤在口鼻处呈淡棕色，鼻子两侧有狭窄的白色绒毛。睾丸很小，阴茎的形状与其他猕猴不同。雄性和雌性的体毛都会随着年龄的增长而变黑，雄性面部的皮肤随着年龄的增加而变黑，雌性面部的皮肤随着年龄的增长而变红。

藏酉猴成年雄性个体　夏东坡／摄影

IUCN发布的物种评估结果

IUCN受威胁物种红色名录类别及标准：近危Near Threatened A2cd

评估日期：2015年12月22日

过去IUCN评估结果

2008-近危（NT）

本次物种评估结果

IUCN受威胁物种红色名录类别及标准：近危Near Threatened A2cd

中国受威胁物种红色名录类别及标准：近危Near Threatened A2cd

评估日期：2022年8月30日

评估理由

藏酋猴尚未达到极危、濒危或易危标准，但是在未来一段时间内，可能接近符合受威胁级别，主要原因是：未来30～50年内，安徽南部、江西东北部、浙江西北部、福建中部、湖南东北部、陕西西南部及甘肃东南部等分布区内藏酋猴的潜在适宜栖息地将有所减少，将会导致藏酋猴种群数量呈衰减趋势。因此，将藏酋猴评定为近危（NT）级别。

藏酋猴是我国特有种，因此IUCN物种评估结果也是我国物种评估结果，为近危（NT）级别。

国家保护级别评估结果

国家二级重点保护野生动物

CITES附录（2019）

附录Ⅱ

分布范围

藏酋猴主要分布于安徽、福建、甘肃南部、广东、广西、贵州、湖南、重庆、江西、四川、西藏、云南北部和浙江。

藏酋猴成年雌性个体和婴猴　夏东坡／摄影

中国灵长类动物濒危状况评估 2022 37

藏酋猴适应能力较强，不但广泛分布于华中区和西南区，还向西伸展至青藏区的青海藏南亚区（张荣祖等，2002），几乎全部在北回归线以北（李进华，1999），总分布面积为1 060 000km²。藏酋猴的分布总体上具有不连续性，且呈"岛屿状"分布（李进华，1999），因此，藏酋猴实际分布面积应该小于上述总分布面积。现有资料显示，在四川、湖北、湖南、福建西部或西北部、安徽、浙江、甘肃南部、重庆、贵州、广西、广东北部、江西、云南和西藏等省份有藏酋猴的分布。

目前较为清楚的藏酋猴分布点包括安徽的黄山市（歙县、休宁、黟县、祁门）、宣城市（宣州、广德、宁国、泾县、绩溪、旌德）、池州市（贵池、东至、石台、青阳）、浙江的衢州市（江山、开化）、绍兴市（新昌）、丽水市（龙泉、景宁、遂昌、庆元）、杭州市（临安）、温州市（泰顺），福建的武夷山市、三明市（明溪）、福州市（永泰），江西的上饶市（铅山）、吉安市、萍乡市（莲花）、景德镇市（浮梁）、鹰潭市、九江市（彭泽），湖北的襄阳市（谷城），湖南省的邵阳市（绥宁、新宁）、郴州市（宜章）、永州市（宁远）、株洲市（炎陵），广东的肇庆市（怀集）、惠州市（惠东）、韶关市（乳源），广西（猫儿山国家级自然保护区、花坪国家级自然保护区、千家洞国家级自然保护区、九万山国家级自然保护区、龙滩自治区级自然保护区、大瑶山国家级自然保护区），四川的乐山市（峨边）、德阳市、眉山市（洪雅）、雅安市（宝兴）、广元市（青川）、成都市（彭州）、都江堰市、雅安市（荥经、天全）、凉山州（美姑）、阿坝州（汶川）、绵阳市（安州区），重庆，贵州的铜仁市（梵净山、松桃、印江、江口）、黔东南州（雷山）、黔南州（瓮安、贵定、福泉、龙里、平塘、荔波、三都）、六盘水市（水城区、盘州）、安顺市（普定）、毕节市（织金）、遵义市（赤水、习水、务川、正安、道真、桐梓）、贵阳市（修文、清镇），云南的昭通市（盐津、彝良、永善、威信）、大理州（云龙），甘肃的陇南市（文县、武都），西藏的昌都市（芒康、江达、察雅、贡觉）。

种群数量

20世纪五六十年代，藏酋猴曾被估计达到100 000只（马世来和王应祥，1988；全国强等，1981a，1981b）。据张荣祖等（2002）报道，21世纪初期全国藏

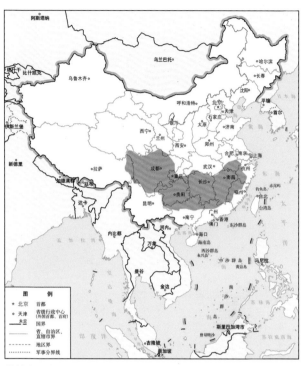

藏酋猴分布图

酋猴数量为17 961只（包括四川8920只、贵州2045只、甘肃560只、福建1270只、安徽2611只、江西660只、湖南275只、云南400只、广西1220只）。近年来，陆续有报道显示，藏酋猴的数量在有些地区有所增长，如安徽的分布区和种群数量均有所增加（Li et al.，2020），四川和广西等地的藏酋猴分布区和种群数量均有所增加（李生强等，2017；黎大勇，2015；张强等，2008）。估计全国范围内藏酋猴的数量在20 000只左右。

栖息地现状

藏酋猴的栖息地大多集中于海拔1000m以上的高山环境，主要栖息于温带及亚热带高海拔区域常绿阔叶林和常绿落叶阔叶混交林中，这些区域常被平原、河流、居民区所分割。然而随着人类活动的增加，藏酋猴栖息的部分原始植被遭受不同程度的破坏，栖息环境生境破碎化程度较高，其栖息地总体呈现"岛屿状"分布特征（李进华，1999）。近年来的调查研究显示，藏酋猴的栖息地有向低海拔地区扩散的趋势（Li et al.，2020）。

生存影响因素

盗猎 20世纪五六十年代藏酋猴被认为是农林害兽，各地组织专业捕猴队大量捕捉（全国强等，1981a，1981b），这导致20世纪一段时期内藏酋猴的种

藏酋猴猴群　夏东坡／摄影

群数量急剧下降。尽管近年来野生动物的生存环境受到很好的保护与管理，但是也不乏有些偏远地区仍存在偷猎狩猎藏酋猴的事件发生。

栖息地破碎化　随着城市化进程的发展、人类活动的不断加剧、全球气候的变化等，栖息地生境破碎化问题可能会在未来很长时间里影响藏酋猴种群的恢复和复壮。

人猴冲突　藏酋猴呈现出向低海拔区域扩散的趋势，常常出现在乡村的边缘区域，影响正常的农业生产等，导致人猴冲突不断加剧。

管理对策

◆ 建立全国藏酋猴种群动态监测网络，科学掌握藏酋猴的种群数量与分布变化，为保护管理提供科技支撑。

◆ 加强地域种群（孤立种群）的保护与管理，避免因近亲繁殖和遗传漂变而导致种群衰退或灭绝。

◆ 制定野生动物保护补偿机制，促进野生动物保护与人类经济发展的有效平衡。

◆ 结合藏酋猴现有的分布状况（28.6%的种群在保护区内）科学规划自然保护区的建设。

滇金丝猴 *Rhinopithecus bieti* Milne-Edwards, 1897

猴科 Cercopithecidae
疣猴亚科 Colobinae
仰鼻猴属 *Rhinopithecus*

英文名： Yunnan Snub-nosed Monkey

模式产地： 云南德钦

鉴别特征： 雄性体长约为83cm，体重15～17kg；雌性体长74～83cm，体重9.2～12kg；尾长雌雄均为52～75cm。成年滇金丝猴上身为黑灰色，下身为对比强烈的白色，白色在两侧、大腿后部和颈部两侧向上延伸，在面部周围形成一个环形。尾巴为黑色，大腿后侧的毛很长，呈波浪状（尤其是成年雄性）。眉毛黑色。头顶上有1个又细又高、向前下垂的冠。嘴部呈亮粉色或红色。眼睛周围有淡黄色或淡绿色的痕迹。雌性的皮毛比雄性的短，成年雄性的皮毛颜色对比度更强；白色的大腿后部在野外特别突出。

IUCN发布的物种评估结果

　IUCN受威胁物种红色名录类别及标准：濒危
Endangered C2a(i)
　评估日期：2015年3月21日

过去IUCN评估结果

　2008-濒危（EN）

　2000-濒危（EN）

1996-濒危（EN）

1994-濒危（EN）

1990-濒危（EN）

1988-濒危（EN）

本次物种评估结果

　IUCN受威胁物种红色名录类别及标准：濒危
Endangered B1; B2; C2a(i)

滇金丝猴成年雄性个体　赵超／摄影

滇金丝猴成年雌性个体和婴猴　李红波／摄影

滇金丝猴成年雄性个体　李红波／摄影

　　国家一级重点保护野生动物

CITES附录（2019）

　　附录Ⅰ

分布范围

　　滇金丝猴分布于金沙江和澜沧江之间云岭山脉的一个狭小区域（北纬26°14′～29°20′）内，包括西藏芒康，以及云南德钦、维西、云龙、兰坪、玉龙。猴群由北到南依次分布于西藏芒康滇金丝猴国家级自然保护区、云南白马雪山国家级自然保护区、丽江老君山国家公园、云岭自然保护区、云南云龙天池国家级自然保护区。此外，德钦的吾牙普牙猴群和巴美猴群、兰坪的黑山猴群还分布于自然保护区之外。

种群数量

　　1979年，李致祥等在德钦县甲午雪山观察到一个猴群（直接计数23只）（李致祥等，1981）；1985年，白寿昌等在云南白马雪山调查到11群，886只（白寿昌等，1987）；龙勇诚等（1996）在云南西北地区的调查研究结果显示有13群，1000～1500只，相较于1985年的调查结果，龙勇诚等（1996）新增芒康米拉卡种群、德钦阿东种群、罗玛通种群和各么茸种群，丽江玉龙大坪子种群、云龙龙马山种群；丁伟等（2003）在云南全境的调查研究显示有13群，1200～1700只。2013年12月至2015年12月，

　　中国受威胁物种红色名录类别及标准：濒危Endangered B1; B2; C2a(i)

　　评估日期：2022年8月30日

评估理由

　　评估滇金丝猴濒危级别为濒危（EN）级别。理由如下：①同时符合分布范围（B1）和占有面积（B2）的地理范围，估计分布范围小于5000km²（B1），估计滇金丝猴的占有面积小于500km²（B2）；②2017～2018年现有23群，3360～4330只，研究统计滇金丝猴种群中未成熟个体占比为40%～50%，因此估计该物种成熟个体少于2500只，目前估计最大种群个体数约为200只，因此推测不存在成熟个体数超过250只的亚种群［C2a(i)］。

　　滇金丝猴是我国特有种，仅分布于我国西南地区澜沧江和金沙江间的狭小区域。因此，IUCN受威胁物种濒危级别评定也适合我国对滇金丝猴濒危级别的评估，即我国评估级别也是濒危（EN）级别。

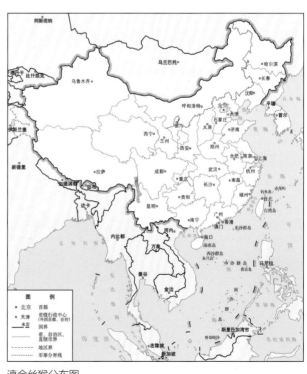

滇金丝猴分布图

Wang等（2019）基于红外相机信息，得出大理云龙天池滇金丝猴种群有10～15只。2017～2018年云南全境调查数据表明，目前共有滇金丝猴23群，3420～4410只，其中，芒康3个种群（共计450～650只），德钦6个种群（共计950～1350只），维西8个种群（共计1290～1560只），玉龙1个种群（共计250～300只），兰坪3个种群（共计320～375只），云龙2个种群（共计160～175只）。滇金丝猴由2003年的13群（1200～1700只）增长到2017～2018年的23群（3420～4410只）。过去30多年，滇金丝猴种群呈上升趋势。

栖息地现状

2000年滇金丝猴栖息地面积为5552.67km²，其中，适宜栖息地面积1547.98km²（占27.9%），次适宜栖息地面积4004.69km²（占72.1%）。2005年滇金丝猴栖息地面积为5526.33km²，其中，适宜栖息地面积1538.53km²（占27.8%），次适宜栖息面积3987.80km²（占72.2%）。2010年滇金丝猴栖息地面积为5547.48km²，其中，适宜栖息地面积1556.65km²（占28.1%），次适宜栖息地面积3990.83km²（占71.9%）。2015年滇金丝猴栖息地面积为5681.35km²，其中，适宜栖息地面积1613.90km²（占28.4%），次适宜栖息地面积4067.45km²（占71.6%）。2000～2005年滇金丝猴栖息地面积减少了26.34km²（0.47%）。2005年后栖息地面积缓慢增加，2000～2015年，滇金丝猴栖息地面积增加了128.68km²（2.32%），其中，适宜栖息地增加了65.92km²，次适宜栖息地增加了62.76km²。

滇金丝猴"家庭"单元　萧林／摄影

滇金丝猴"家庭"单元　李红波 / 摄影

生存影响因素

　　栖息地丧失和破碎化　以前的商业采伐导致滇金丝猴生境丧失和破碎化，目前的牧场扩展、矿山开采和公路建设进一步导致栖息地退化和破碎化。

　　种群间隔离　牧场、公路和矿山等阻隔了滇金丝猴群间交流。例如，矿山不仅造成大面积植被破坏，而且矿工日常活动和砍伐树木亦严重影响了周边森林的结构和猴群的正常活动。目前，绝大多数猴群间缺乏基因交流的廊道，这会导致近交衰退和（或）遗传漂变。

　　人类活动干扰　砍伐森林、采集林产品（如松茸等）和放牧不仅直接影响猴群活动，而且破坏了滇金丝猴的栖息地和食物资源。

管理对策

　　◆　加强对滇金丝猴的巡护和监测，杜绝偷猎事件发生，实时掌握猴群动态。

　　◆　扩大保护地范围，建议扩大云南白马雪山国家级自然保护区范围，将活动于羊拉乡周边的猴群活动区域纳入自然保护区范围，在德钦巴美猴群和兰坪黑山猴群活动区建立自然保护地。

　　◆　加强生态廊道建设，促进猴群基因交流。

　　◆　加强可持续社区发展模式，减少社区与保护区间的矛盾和冲突，实现滇金丝猴及其生境可持续发展。

黔金丝猴 *Rhinopithecus brelichi* Thomas, 1903

英文名： Guizhou Snub-nosed Monkey
模式产地： 贵州梵净山
鉴别特征： 体长64～69cm，尾长70～85cm，雄猴体重15kg左右，雌猴体重8kg左右。体型大，尾长。雄性比雌性更大，颜色更鲜亮。头冠浅黑色，中部有淡红褐色斑；耳朵有浅白色丛毛。面部皮肤蓝色，眼上及嘴周有淡粉色。有时有粉红色嘴角瘤（疣突）。面周有淡灰色毛缘。皮毛的其他部位深黑灰色，有一条栗褐色条带穿过胸部，并呈现在背部和前臂上侧。乳头和阴囊白色，与暗色的身体形成鲜明对照；阴茎黑色。尾黑色，有淡白色尾尖。

猴科 Cercopithecidae
疣猴亚科 Colobinae
仰鼻猴属 *Rhinopithecus*

IUCN发布的物种评估结果
    IUCN受威胁物种红色名录类别及标准：极危
Critically Endangered B1ab(iii,v); C2a(ii)
    评估日期：2022年3月27日
过去IUCN评估结果
    2020-濒危（EN）

2008-濒危（EN）
2000-濒危（EN）
1996-濒危（EN）
1994-濒危（EN）
1990-濒危（EN）
1988-濒危（EN）

黔金丝猴成年雄性个体　周江／摄影

黔金丝猴成年雄性个体　周江／摄影

黔金丝猴成年雌性个体　周江／摄影

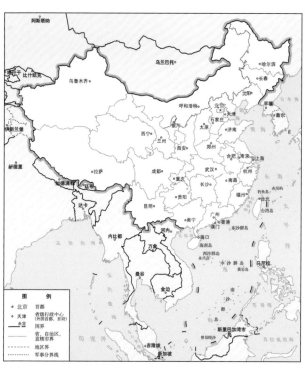

黔金丝猴分布图

本次物种评估结果

IUCN受威胁物种红色名录类别及标准：极危 Critically Endangered B1ab(iii,v); C2a(i)

中国受威胁物种红色名录类别及标准：极危 Critically Endangered B1ab(iii,v); C2a(i)

评估日期：2022年8月30日

评估理由

目前，梵净山国家级自然保护区内黔金丝猴的栖息地面积仅有69.6km²，并且由于栖息地分割、破碎化严重，除了保护区南部、北部若干栖息地外，黔金丝猴最适宜栖息地面积仅为27.8km²（Guo et al.，2020）。可见，黔金丝猴最适宜栖息地面积已由1993年的33km²（全国强和谢家骅，2002）减少至2020年的27.8km²（Guo et al.，2020）。因此，黔金丝猴分布范围小于100km²，且分布地点仅限于梵净山国家级自然保护区内，栖息地面积持续衰退，符合IUCN受威胁物种红色名录极危（CR）级别中B1ab(iii,v)标准，即估计其分布范围小于100km²，符合（a）严重片段化或分布地点数为1；（b）观察、估计、推断或预期黔金丝猴的占有面积、分布范围和（或）栖息地质量（iii）会持续下降，成熟个体数也会持续下降（v）。据Guo等（2020）估计，每个亚种群中的成熟个体数不会超过50只，符合IUCN受威胁物种红色名录极危（CR）级别中C2a(i)

标准。

黔金丝猴是我国特有种，IUCN评估黔金丝猴为极危（CR）物种，故黔金丝猴在我国也应评估为极危（CR）物种。

国家保护级别评估结果

国家一级重点保护野生动物

CITES附录（2019）

附录Ⅰ

分布范围

黔金丝猴仅分布在我国贵州梵净山国家级自然保护区。

种群数量

1981～1983年期间，全国强和谢家骅经过调查发现黔金丝猴种群数量约为450只（全国强和谢家骅，2002）。根据1985～1995年中国动物学研究学者对黔金丝猴种群数量的研究报道总体估计黔金丝猴种群粗略数量为300～2000只。杨业勤等1988～1991年的调查结果为655～873只（杨业勤等，2002），但由于此次调查是多年间在不同地点开展的，可能出现同一群黔金丝猴被重复计数而导致黔金丝猴种群数量总体统计偏差的问题。根据Guo等（2020）利用地理信息系统（GIS）估测出梵净山黔金丝猴最适宜的栖息地面积，估算出黔金丝猴种群个体数量为300余只，该结果与20世纪90年代调查数据较一致。总体而言，通过近40年来的数据对比发现黔金丝猴种群数量依然呈下降趋势。

栖息地现状

黔金丝猴主要活动在保护区内海拔1400～2100m的常绿阔叶、落叶阔叶混交林中，面积仅69.6km²。该区域温暖潮湿，四季分明，年温差较小，为黔金丝猴提供了主要食物资源（Guo *et al.*，2018）。但由于梵净山国家级自然保护区内基础设施（高空缆车、环线公路等）建设，目前黔金丝猴仅栖息于保护区北部（Guo *et al.*，2020）。

谢家骅等（1982）对梵净山国家级自然保护区进行的实地调查精确到了植物群系，并基于植物群系优势种推测黔金丝猴主要活动在海拔1500～1900m的常绿阔叶、落叶阔叶混交林中，黔金丝猴最适宜栖息地面积为33km²。杨业勤等（2002）调查结果显示，黔金丝猴栖息地面积为260km²，并指出这些区域并不是黔金丝猴经常活动的区域，且这些区域的面积并非黔金丝猴最适宜栖息地面积。杨海龙等（2013）调查结果显示，黔金丝猴最适宜栖息地面积为40.56km²。Guo等（2020）通过GIS结合梵净山国家级自然保护区内最新植被覆盖情况

和黔金丝猴群体移动模式，得到目前黔金丝猴只栖息于保护区北部27.8km²的范围内。

生存影响因素

梵净山在1978年被批准建立自然保护区，1978～1996年由于监管力度不够，缺乏有力的保护措施（郭艳清等，2017），黔金丝猴仍然遭到偷猎等人类活动的影响。进入21世纪后，梵净山国家级自然保护区及其周边地区经历了旅游大潮的冲击，进一步加剧了对梵净山自然生态系统的干扰，如梵净山环线公路建设及保护区内旅游线路和高空缆车的修建，使得黔金丝猴栖息地分割并且面临严重的人为干扰（郭艳清等，2017；牛克锋，2014）。

管理对策

◆ 建议加强保护区内栖息地的修复，在不同栖息地之间建立生态廊道。

◆ 尽可能地去除保护区内已修建的基础设施，使黔金丝猴的栖息地面积进一步增加。

◆ 加强对黔金丝猴的生态学研究，尤其是对种群生态、种群动态的研究，为保护管理提供科学依据。

黔金丝猴雌性个体（左）和成年雄性个体（右）　周江／摄影

川金丝猴 *Rhinopithecus roxellana* (Milne-Edwards, 1870)

猴科 Cercopithecidae

疣猴亚科 Colobinae

仰鼻猴属 *Rhinopithecus*

英文名： Sichuan Snub-nosed Monkey

模式产地： 四川宝兴

亚种分化： 全世界共3个亚种，我国均有分布。

指名亚种 *R. r. roxellana* (Milne-Edwards, 1870)，模式产地：四川宝兴；

秦岭亚种 *R. r. qinlingensis* Wang et al., 1998，模式产地：陕西秦岭；

湖北亚种 *R. r. hubeiensis* Wang et al., 1998，模式产地：湖北神农架。

鉴别特征： 雄性体长56～83cm，尾长61～104cm，体重15～19kg；雌性体长47～74cm，尾长51～92cm，体重6～10kg。川金丝猴的背毛长而密，一般为黄红色（从棕红色到明亮的金橙色不等），且背部有黑毛覆盖；四肢被毛颜色类似背毛，外侧有一条粗大的黑色条纹（条纹没有到手和脚）。雄性与雌性相似，但体型更大，毛色更鲜艳，犬齿更长，头部和背部颜色更深。雄性阴茎为黑色，阴囊为蓝白色。雌雄川金丝猴眼睛周围都有紫罗兰色的皮肤，宽大、柔软、发白的嘴部有稀疏的毛发；成年雄性川金丝猴的上唇角有嘴角瘤。

川金丝猴成年雌性个体和幼年个体　何鑫／摄影　　　　　　川金丝猴成年雄性个体　李保国／摄影

川金丝猴成年雌性个体   李保国 / 摄影

IUCN发布的物种评估结果

IUCN受威胁物种红色名录类别及标准：濒危 Endangered A2cd+4cd

评估日期：2015年12月22日

过去IUCN评估结果

2008-濒危（EN）

2000-易危（VU）

1996-易危（VU）

1994-易危（VU）

1990-易危（VU）

1988-易危（VU）

本次物种评估结果

IUCN受威胁物种红色名录类别及标准：易危 Vulnerable B2ab

中国受威胁物种红色名录类别及标准：易危 Vulnerable B2ab

评估日期：2022年8月30日

评估理由

根据IUCN最新评估报告显示，川金丝猴被列为濒危（EN）级别的依据是符合濒危级别中A2cd+4cd标准，即A2：过去10年或者3个世代内（取更长的时间，川金丝猴取3个世代，即39年），种群数至少减少50%，且减少原因可能还未终止；A4：包括过去和未来的任何10年或者3个世代内，种群数至少减少50%，减少原因可能还未终止。所依据的资料为观察、估计、推断或猜测的川金丝猴占有面积减少、分布范围减少和（或）栖息地质量下降，以及实际的或潜在的开发水平。

近40年来，我们的调查发现，由于保护区的建设和打击盗猎强度的提升，川金丝猴种群数量已经不再降低，而是呈现明显增长的趋势，分布区域总体保持不变，在部分地区呈现扩散的趋势。自1990年以来保护区

川金丝猴种群及栖息地状况

物种	种群估计			栖息地状况	
	种群数/个	个体数/只	分布在保护区内的比例/%	保护区面积/km²	保护区内物种的分布面积/km²
指名亚种*R. r. roxellana*	114～146	15 880～18 190	95	16 907.41	456.00～584.00
秦岭亚种*R. r. qinlingensis*	62	5 240～5 760	90	2 923.75	248.00
湖北亚种*R. r. hubeiensis*	12	1 590～2 180	100	913.77	48.00
总计	188～220	22 710～26 130	95	20 744.93	752.00～880.00

建设提速，有川金丝猴分布的保护区数量和面积都增加超过了一倍，川金丝猴栖息地得到了较好的保护（见折线图）。天然林保护工程、退耕还林工程等一系列生态建设工程的实施也大大降低了天然林的开发和利用，明显改善了川金丝猴的栖息环境，遏制了川金丝猴种群数量下降的趋势。这些都说明现有的政策和措施对于该物种的保护成效明显，因此，根据当前川金丝猴种群及栖息地状况，川金丝猴已经不应该是濒危（EN）级别。

根据IUCN受威胁物种红色名录类别及标准进行评估，我们建议将川金丝猴在IUCN的保护级别从现在的濒危（EN）级别变更为易危（VU）级别。依据是符合易危（VU）级别中的B2ab标准，即占有面积少于2000km²，并且符合（a）严重片段化或分布地点数；（b）在以下方面观察、估计、推断或预期持续下降：（i）分布范围；（ii）占有面积；（iii）占有面积、分布范围和（或）栖息地质量；（iv）分布地点或亚种群数；（v）成熟个体数。

川金丝猴是我国特有种，因此IUCN物种评估结果也是我国物种评估结果，为易危（VU）级别。

国家保护级别评估结果

国家一级重点保护野生动物

CITES附录（2019）

附录 I

分布范围

以往的文献资料显示，川金丝猴在中国的分布西起横断山北部，从白水江地区进入甘南山地，东连秦岭南北坡，秦岭为其分布的最北限（Li *et al.*，2000；陈服官，1989），湖北神农架则是它们分布的东限（Li *et al.*，2000）。为了掌握最新的金丝猴种群数量、分布范围、种群结构和栖息地状况，2019年由生态环境部组织中国科学院动物研究所和西北大学的灵长类研究专家

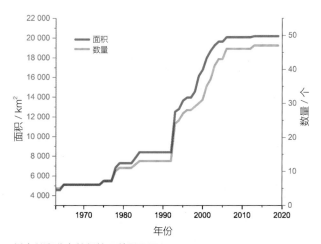

川金丝猴分布的保护区数量及面积

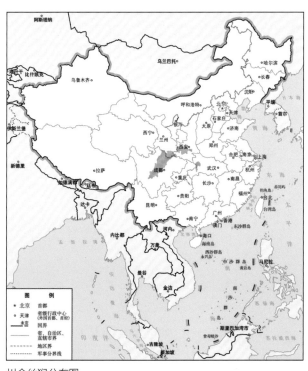

川金丝猴分布图

在四川、甘肃、陕西和湖北开展对川金丝猴生存现状与保护成效的专项调查研究，涉及35个县（市、区）、51个自然保护区和林场。调查结果发现，近40年来由于保护区的建设和打击盗猎强度的提升，川金丝猴种群数量已经不再下降，而是呈现明显增加的趋势，分布区域总体保持不变，在部分地区呈现扩散的趋势。

川金丝猴在四川的分布范围包括九寨沟、松潘、黑水、平武、青川、北川、茂县、汶川、理县、安县、绵竹、大邑、什邡、都江堰、彭州、崇州、天全、芦山、宝兴、泸定、康定、小金和荥经等23个县（市），但是大渡河以南的凉山山系和大渡河以西的小相岭山系现已没有野生川金丝猴的分布，大相岭山系早期有分布记载，但在近十多年的野外监测中未发现川金丝猴的踪迹。荥经县在大相岭山系的部分没有野生川金丝猴的分布，仅在靠近天全县的区域发现有川金丝猴。猴群90%以上的活动区域都位于保护区内，其中，九寨沟县的白河国家级自然保护区、平武县的王朗国家级自然保护区、汶川县的卧龙国家级自然保护区的川金丝猴个体数量达到1000只以上。白河国家级自然保护区川金丝猴密度达到0.1只/hm²，整个保护区的川金丝猴种群数量近1800只，接近全国川金丝猴种群数量的1/10。芦山、荥经、泸定3个县的野生川金丝猴为4～7群，个体数量为400～540只，截至目前尚未建立相应的自然保护区，保护措施亟须加强。

川金丝猴在甘肃的分布范围包括文县、康县和武都3县（区），主要在裕河国家级自然保护区和白水江国家级自然保护区活动。其中，川金丝猴在康县的分布范围主要集中在康县与裕河国家级自然保护区交界的区域。另外，舟曲县和迭部县曾有少量川金丝猴分布的报道，但2019年调查未发现。因此，川金丝猴在甘肃的分布范围有收缩的趋势。

川金丝猴在陕西的分布范围包括周至、鄠邑、太白、佛坪、洋县、宁陕和宁强，主要涉及12个自然保护区。2019年调查发现，川金丝猴在眉县有新的分布记录。因此，川金丝猴在陕西的分布范围有扩大的趋势。

川金丝猴在湖北仅分布于神农架国家级自然保护区。由于保护工作显著，猴群向外扩散到巴东县境内，因此新成立了湖北巴东金丝猴国家级自然保护区。

种群数量

胡锦矗（1998）估计全国川金丝猴有25 000只；全国强和谢家骅（2002）结合之前各地区的文献、访谈等资料估计，川金丝猴种群约为144个，个体总数量为15 000～20 000只；但是当时各地并未做过系统性的、统一标准的川金丝猴野生种群数量调查，所以学界一般认为20世纪90年代野生川金丝猴总数量为18 000～20 000只。近年来，通过访问调查与野外调查，共计发现川金丝猴野生种群188～220个，总数量为22 710～26 130只。其中，四川分布川金丝猴种群86～118个，个体总数量为13 640～15 720只；陕西分布川金丝猴种群约64个，种群个体总数量为5420～5960只；甘肃分布川金丝猴种群26个，个体总数量为2060～2270只；湖北分布川金丝猴种群共12个，个体总数量为1590～2180只。因此，川金丝猴在过去30年间整体呈上升趋势。

栖息地现状

川金丝猴是典型的树栖动物，其栖息地与森林植被不可分割。四川、甘肃、陕西及湖北的川金丝猴分布区植被类型和垂直分布带十分相似（均属常绿落叶阔叶林带、针阔混交林带和亚高山针叶林带），植被带中建群种的种类也基本相似。在大的地理范围上，川金丝猴种群呈点状不连续分布，存在形成地理隔离种群的趋势。

全国川金丝猴种群数量分布和种群规模

省份	有川金丝猴分布的县（市、区）/个	保护区数/个	种群/个	个体数/只	保护区外种群/个	保护区外个体数/只
四川	23	31	86～118	13 640～15 720	4～7	400～540
甘肃	3	2	26	2 060～2 270	0	0
陕西	8	16	64	5 420～5 960	6	450～510
湖北	2	2	12	1 590～2 180	0	0
合计	35	51	188～220	22 710～26 130	10～13	850～1 050

川金丝猴成年雌性个体（左）、婴猴（雌性肩膀上）和成年雄性个体（右）　何鑫／摄影

例如，湖北的川金丝猴种群和陕西秦岭的川金丝猴种群在分布上完全不相连，而四川、陕西、甘肃和湖北的川金丝猴现在已经在毛色上表现出明显的分化，生态位需求也发生了变化（Jablonski，1998）。据推测，川金丝猴这种间断性分布状态是由于青藏高原的隆起及第四纪冰期以来的气候变化引起的地理环境变迁、种群严重瓶颈效应与后期人类活动的干扰（Luo et al.，2012），使原本广泛分布于亚热带、暖温带的川金丝猴被迫退缩到目前的川、陕、甘、鄂四省而形成的（Zhou et al.，2014；Luo et al.，2012；Li，2007；Li et al.，2003）。长期以来的乱捕滥杀是川金丝猴濒危的主要原因之一，加之20世纪70～80年代大规模的毁林开荒破坏了川金丝猴的栖息环境，缩小了它们的生境，导致它们分布区"岛屿化"、破碎化日趋严重。80年代以来，我国的保护区建设迅猛发展，在科学规划的指导下，基本建立了比较全面的保护体系。90年代后期，全国开始实施天然林保护工程和退耕还林工程等一系列生态建设工程，使川金丝猴栖息地得到了有效保护，种群数量得以迅速增长。

以往的资料显示我国曾经在四川、甘肃、陕西和湖北建立了有川金丝猴栖息的自然保护区39个，其中以保护川金丝猴为主要目的的保护区有15个，川金丝猴的保护区面积为10 912km²，约占川金丝猴分布区的55%（全国强和谢家骅，2002）。由于保护政策、保护体系和保护区建设的快速发展，1998年以来，川金丝猴的分布范围纳入保护区管理的面积不断增加，专项调查的结果显示，目前的保护区设置已经覆盖了94.5%的川金丝猴分布地，保护区面积达20 853.83km²，在保护区内川金丝猴被人为活动干扰的程度大幅降低，种群数量不断呈现明显的增长趋势。利用森林及海拔建模发现，虽然2008年汶川地震导致980km²森林被毁（Stone，2009），但到2018年，川金丝猴栖息地面积仍增加了3.5%。总体而言，随着保护力度的不断加强，川金丝猴分布区域将会进一步扩大，种群数量也会进一步增加。

生存影响因素

自然灾害受地形、地质、水源、气象等自然因素的影响，川西山地的泥石流、洪涝等自然灾害时有发生，极大地破坏了川金丝猴的栖息地。例如，2018年

川金丝猴"家庭"单元　李保国／摄影

"5·12"汶川特大地震导致很多自然保护区内川金丝猴栖息地遭到破坏，导致川金丝猴栖息地质量全面下降，一些区域的川金丝猴适生指数低于震前适宜栖息地的标准（雷雨等，2018）。

栖息地破碎化　随着人口的增加和经济的发展，人们对土地的利用和森林资源的需求也在不断迅速增加，毁林开荒、薪材采集、商业性采伐以及大型工程建设等加剧了川金丝猴栖息地的破坏。

种群间隔离　灌木林、农田、河流、公路和矿业开发等将连续分布的森林切割成斑块状林地，川金丝猴很难跨越这些障碍，只能在斑块状林地间活动，许多曾经有交流的种群目前已处于相互隔离的状态。

生态旅游业的冲击　风景如画的自然环境，丰富多彩的生物资源吸引了越来越多的游客前来山地林区观光，用各种方式走入自然保护区（包括川金丝猴在内的野生动物的栖息地）。来势如潮的旅游业为当地经济注入了资金活力，当地政府与自然保护区联手发展旅游业，扩建道路、新建楼堂馆所的情况也越来越多，甚至不少游客冒险闯入人迹罕至但却是野生动物保护区的核心腹地，并随意丢弃垃圾，严重干扰了野生动物的栖息地和脆弱的生态系统。

管理对策

◆ 开展川金丝猴种群分布与数量变化的长期监测，为栖息地科学管理及种群间交流提供科技支撑。

◆ 积极将大熊猫金丝猴生物多样性国家野外科学观测研究站工作纳入国家公园建设中，从根本上为珍稀濒危动物的科学保护与管理提供科技支撑。

◆ 协助缓冲地带进行社区共管，引入新的互联网和物联网技术，帮助社区共管工作升级。

◆ 开展生态旅游的科学评价，解决川金丝猴保护与地方旅游发展的矛盾。

◆ 加强对非科研人工投食活动的管理，防止人畜共患疾病的发生，防止非专业投食引起川金丝猴大规模死亡。

猴科 Cercopithecidae
疣猴亚科 Colobinae
仰鼻猴属 *Rhinopithecus*

缅甸金丝猴 *Rhinopithecus strykeri* Geissmann et al., 2011

英文名： Myanmar Snub-nosed Monkey

模式产地： 缅甸克钦邦北部

鉴别特征： 成年雄性体长约55.5cm，尾长约78cm；成年雌性体长约50cm，尾长约64cm，体重约13kg。几乎全身被黑毛，仅耳、嘴唇、会阴处毛发为白色，头顶、面颊、喉、上臂及腹部等处毛发为深棕色或浅棕色。面部皮肤和唇部类似滇金丝猴，为淡粉红色，毛发不如滇金丝猴和川金丝猴那样厚实。体型略小于滇金丝猴，与在中国分布的其他3种金丝猴类似，身体结实，四肢粗壮，腹部较为膨胀。头圆，耳短小，吻部向前突出，面部仅眼周围、外鼻无毛。成年雄性不像川金丝猴有明显的嘴角瘤状突起，同样具有仰鼻猴属标志性的"朝天鼻"，鼻孔上扬。

IUCN发布的物种评估结果

　　IUCN受威胁物种红色名录类别及标准：极危 Critically Endangered A4cd

　　评估日期：2015年12月22日

过去IUCN评估结果

　　2012-极危（CR）

本次物种评估结果

　　IUCN受威胁物种红色名录类别及标准：极危 Critically Endangered A4cd

　　中国受威胁物种红色名录类别及标准：极危 Critically Endangered A4cd

　　评估日期：2022年8月30日

缅甸金丝猴成年雄性个体　陈奕欣 / 摄影

缅甸金丝猴成年雄性个体　陈奕欣 / 摄影

评估理由

　　通过评估将缅甸金丝猴列为极危（CR）级别，符合A4cd标准。主要是预计种群在3个世代（约39年）内可能会减少80%，原因是栖息地质量下降以及对森林资源不可持续的开发利用。缅甸金丝猴总数可能为260～320只（缅甸种群）（Yang *et al.*，2022；Geissmann *et al.*，2011）。然而，缅甸的调查未能覆盖缅甸全境，而且中国亦有潜在分布种群，因此，对缅甸金丝猴种群数量有所低估（Yang *et al.*，2022）。仅在2009年一年内，缅甸就至少有19个个体遭猎杀（Momberg *et al.*，2010），预计盗猎压力（包括直接和间接盗猎）可能会在未来数年内有明显增加。此外，新的水电站建设以及林区伐木公路也会影响缅甸金丝猴分布，并威胁缅甸金丝猴种群的恢复和复壮。

　　由于缅甸金丝猴在我国仅在极小的区域有分布，且种群数量极少，因此我国评估结果也应为极危（CR）级别。

国家保护级别评估结果

　　国家一级重点保护野生动物

CITES附录（2019）

　　附录 I

分布范围

　　缅甸金丝猴目前仅在中国和缅甸接壤的高黎贡山北部区域有分布，分布区西至缅甸境内的恩梅开江（N'mai Hka River），东至中国境内的怒江（Meyer *et al.*，2017；Ma *et al.*，2014；Long *et al.*，2012；Geissmann *et al.*，2011）。在缅甸境内，缅甸金丝猴主要分布在克钦邦东北部，共4～5个猴群，约200只，栖

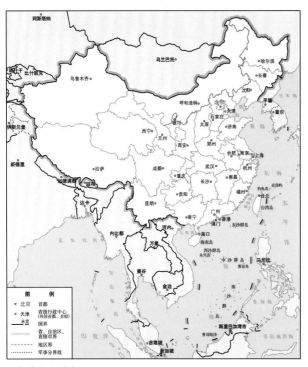

缅甸金丝猴分布图

息于2020年成立的爱玛堡山国家公园（Mount Imawbum National Park）及其附近地区（Williams，2020；Meyer *et al.*，2017；Geissmann *et al.*，2011）。在我国境内，目前已知的两个猴群分别位于怒江州泸水的片马镇和鲁掌镇洛玛村，地理上分属高黎贡山西坡和东坡，共280只左右，均分布于高黎贡山国家级自然保护区内（Chen *et al.*，2015，2022；Yang *et al.*，2018，2022；Ma *et al.*，2014；Long *et al.*，2012）。另外，在泸水大兴地镇和称杆乡也可能有猴群分布，但目前尚未证实。

种群数量

缅甸金丝猴是近期才发现的新物种。在缅甸的走访调查（2010～2021年）发现，缅甸至少有4～5个缅甸金丝猴种群，至少有260～320个个体，其中4个种群有明确的记录（Yang *et al.*，2022；Meyer *et al.*，2017；Nijman，2015；Geissmann *et al.*，2011；Momberg *et al.*，2010）。因人为干扰严重，特别是盗猎的影响，缅甸境内的缅甸金丝猴种群数量应该仍处于下降中，据

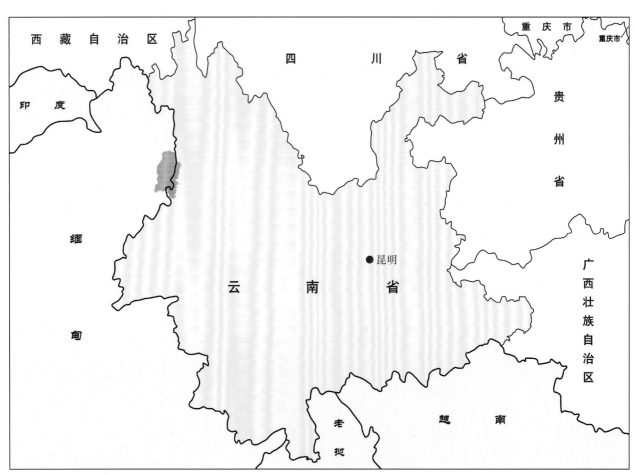

缅甸金丝猴在中国云南和缅甸的分布图

统计自1980年以来至少有79个个体遭猎杀，仅2009年一年就至少有19个个体遭猎杀（Geissmann et al.，2011；Momberg et al.，2010）。同时，伐木、开矿、森林火灾和基础设施建设等也导致缅甸境内的缅甸金丝猴栖息地出现较明显退化，加剧了种群下降、衰退的风险（Ren et al.，2017）。

在我国境内，2010～2012年社区走访显示，我国境内可能有缅甸金丝猴约10群，490～620只（Ma et al.，2014），但近10年的调查仅证实2个种群的存在，均分布于高黎贡山国家级自然保护区怒江州泸水辖区内（Yang et al.，2018；Long et al.，2012）。

位于高黎贡山西坡的片马种群在2012～2014年约有100个个体（Chen et al.，2015；李光松等，2014），家域面积22.9km²，猴群成年和未成年个体的比例明显倾向于成年个体（直接观察记录是2.13∶1，红外相机监测是2.04∶1）（Chen et al.，2015；李光松等，2014），因此猴群此时已出现种群衰退的迹象。最新

的观察统计（2019～2021年）表明该种群有至少149个个体（估计实际种群规模为155～160只），家域面积至少51.5km²，为跨境种群（Chen et al.，2022）。猴群现有的种群结构已趋于稳定（Chen et al.，2022），成年和未成年个体的比例（1.13∶1）已与其他稳定的金丝猴种群基本一致（Fang et al.，2018；Grueter et al.，2017；Xiang et al.，2013；Tan et al.，2007；Kirkpatrick et al.，1998），说明片马种群近年来已出现种群增长、恢复的趋势。

杨寅等估计2015～2016年位于高黎贡山东坡的鲁掌洛玛种群有70～80只（Yang et al.，2018），2019～2021年观察到110～130只（Yang et al.，2022），该种群家域面积只有17～18km²，目前确认仅生存于我国境内（Yang et al.，2022）。因观察条件恶劣，尚未有翔实可靠的种群结构数据可供对比，但长期调查和监测大大减少了盗猎和盗伐对洛玛金丝猴种群的干扰，因此推测该种群近年来处于稳定或可能增长的趋势。

缅甸金丝猴成年雌性个体及幼年个体　陈奕欣／摄影　　缅甸金丝猴成年雌性个体及幼年个体　陈奕欣／摄影

缅甸金丝猴"家庭"单元　陈奕欣／摄影

缅甸金丝猴"家庭"单元　六普／摄影

目前我国境内的缅甸金丝猴种群应为2个确认种群（片马种群、鲁掌洛玛种群），共280只左右，还可能存在4个未得到确认的潜在种群（共300~340只），合计6个种群，580~620只。

栖息地现状

缅甸金丝猴已知和潜在栖息地总面积约3575km²，其中核心栖息地面积约1420km²，约68.4%的已知与潜在栖息地（2444km²）位于缅甸克钦邦境内，约31.6%（1131km²）位于我国云南省境内，主要位于怒江州泸水境内（Ren et al.，2017）。目前我国境内缅甸金丝猴已知的栖息海拔为2100~3400m（Chen et al.，2015，2022；Yang et al.，2018；Ren et al.，2017；Ma et al.，2014），缅甸境内栖息海拔可低至1720m，但是偏好栖息于2400~3200m的核心栖息地内（Meyer et al.，2017；Geissmann et al.，2011）。缅甸金丝猴主要利用栖息地中的中上层林冠，有时到达地面活动，栖息地主要为湿润性常绿阔叶林、温凉性针阔混交林以及部分铁杉-竹林灌丛（Yang et al.，2019a，2022；Meyer et al.，2017）。

总体而言，缅甸金丝猴栖息地由于受砍伐林木、开矿、刀耕火种、基础设施建设等因素影响而呈逐渐减少的趋势（Yang et al.，2019b，2022；Meyer et al.，2017；Ren et al.，2017；Geissmann et al.，2011）。在2000年，缅甸金丝猴在中缅两国境内的栖息地共约3670km²，2015年时已减少至3575km²，其间栖息地净损失约95km²（Ren et al.，2017）。由于缅甸缺乏对缅甸金丝猴的有效保护，约96%的栖息地损失发生在缅甸境内（Ren et al.，2017）。缅甸自2014年开始禁止原木出口并与我国政府加强合作，以强化边境管控并防止原木走私和偷砍盗伐等违法行为（Meyer et al.，2017），并于2020年批准成立爱玛堡山国家公园以保护缅甸金丝猴及其栖息地（Yang et al.，2022），目前因砍伐森林导致缅甸金丝猴栖息地减少的情况已有所缓解，但因人为活动导致的森林火灾，以及开矿和修建道路对栖息地的破坏依然存在（Yang et al.，2022；Meyer et al.，2017）。

我国于1983年批准建立高黎贡山自然保护区，并于2000年开始实施天然林保护、退耕还林等保护工程，故我国境内的缅甸金丝猴栖息地退化和破坏较缅甸境内的轻微得多（Wang et al.，2021；Ren et al.，2017）。2000~2015年，我国境内损失了约3.8km²的缅甸金丝猴森林栖息地，但通过一系列保护措施恢复了约6km²，栖息地净增长约2.2km²（Ren et al.，2017）。近年来，除了偶发的跨境森林火灾和盗伐事件，我国境内的缅甸金丝猴栖息地总体状态较稳定，保护状态较好（Yang et al.，2022；Ren et al.，2017）。

生存影响因素

盗猎　盗猎对于缅甸种群是非常严重的威胁，自1980年以来，有记录的遭到猎杀的缅甸金丝猴至少有79只（Meyer et al.，2017；Momberg et al.，2010）。2000年以前，我国境内也有针对缅甸金丝猴的盗猎发生，而随着高黎贡山国家级自然保护区日益强化的巡护制度和生态保护等政策的实施，我国境内已没有盗猎缅甸金丝猴的事件发生（Ma et al.，2014）。

森林砍伐　森林砍伐对缅甸种群是非常严重的威胁，仅2000~2015年缅甸境内就损失了约91.2km²的缅甸金丝猴森林栖息地（Ren et al.，2017）。我国境内已建立高黎贡山国家级自然保护区并实施了天然林保护工程、退耕还林工程，没有大规模砍伐森林的现象，然而选择性偷砍盗伐的事件依然存在（Wang et al.，2021）。选择性偷砍盗伐可能是目前我国境内缅甸金丝猴种群所面临的最主要威胁，因为栖息地内分布的一些樟科、木兰科、槭树科、红豆杉科等的珍贵树种有较高的经济价值，而此类乔木往往也是缅甸金丝猴游走、夜栖和取食的重要资源（Yang et al.，2019a，2022；Chen et al.，2015；李光松等，2014；Ma et al.，2014）。

人为活动干扰　缅甸金丝猴栖息地周边社区居民有靠山吃山的传统生活习惯，经常进入林区甚至保护区内采集药材、薪柴或放牧，影响缅甸金丝猴的正常活动（Yang et al.，2022；Meyer et al.，2017；Ma et al.，2014）。

管理对策

◆ 建议加强巡护、监测和执法力度，严厉打击偷猎、盗伐行为。

◆ 加强有关野生动物及森林保护法规的宣传教育，特别是对周边群众的宣传教育，提高他们的保护意识。

◆ 建议我国高黎贡山国家级自然保护区和缅甸的爱玛堡山国家公园之间建立针对保护缅甸金丝猴的沟通合作机制，开展联合边境巡护与执法活动，重点打击跨境盗猎、盗伐等违法行为，预防森林火灾的发生。

喜山长尾叶猴 *Semnopithecus schistaceus* Hodgson, 1840

英文名：Nepal Gray Langur

模式产地：尼泊尔特莱地区

鉴别特征：体长62～79cm；尾长69～103cm，尾长超过体长；成年雄性体重9～24kg，成年雌性体重7.5～18kg。面部轮廓相对平坦，眼睛大而突出，鼻子相对小而扁平。耳和裸露的面部为黑色。头部毛发为白色；体毛颜色从灰黑色到奶油色；背部、尾和大腿外侧毛色最深，胸部、腹部、后腰和尾尖为白色。

猴科 Cercopithecidae

疣猴亚科 Colobinae

长尾叶猴属 *Semnopithecus*

IUCN发布的物种评估结果

    IUCN受威胁物种红色名录类别及标准：无危Least Concern

    评估日期：2015年12月21日

过去IUCN评估结果

    2008-无危（LC）

    2000-近危（NT）

本次物种评估结果

    IUCN受威胁物种红色名录类别及标准：无危 Least Concern

    中国受威胁物种红色名录类别及标准：濒危 Endangered B1ab(iii)

喜山长尾叶猴成年雌性个体及婴猴　周智鑫／摄影

喜山长尾叶猴成年雄性个体　黄志旁／摄影

喜山长尾叶猴成年雄性个体　赵超／摄影

评估日期：2022年8月30日

评估理由

　　喜山长尾叶猴在全世界范围由于数据缺乏，仍然维持IUCN受威胁物种红色名录的无危（LC）级别。

　　在中国，喜山长尾叶猴的分布区面积不超过1100km²，符合濒危级别中B1标准（分布范围小于5000km²）。同时，该物种在中国的分布区被喜马拉雅山中段南翼山地分割为5个独立的区域，且均位于高山沟谷中，区域间种群自然交流的可能性极低，符合B1(a)；其次，喜山长尾叶猴在山地沟谷的栖息地与当地的居民区十分接近，甚至与部分农耕区和山地经济作物种植与采集区重叠，随着经济的发展、人口的增加和当地居民生活必要保障设施的建设，其栖息地无论是范围或是质量都极有可能出现明显的衰退，符合B1b(iii)。因此，喜山长尾叶猴在中国被评估为濒危（EN）级别。

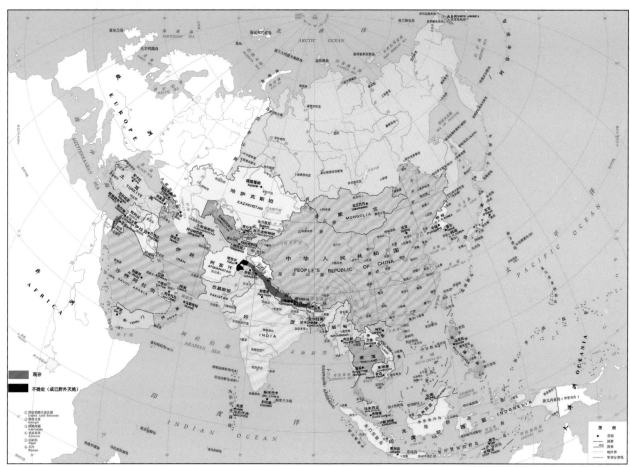

喜山长尾叶猴分布图

国家保护级别评估结果

　　国家一级重点保护野生动物

CITES附录（2019）

　　附录Ⅰ

分布范围

　　喜山长尾叶猴分布于喜马拉雅山中段南翼山地海拔1500~4000m的亚热带季雨林及温带森林中，自巴基斯坦北部起，跨过克什米尔地区、印度北部、尼泊尔、中国（西藏南部）至不丹。在阿富汗，该物种的存在尚不能确定。

　　《西藏哺乳类》（中国科学院青藏高原综合科学考察队，1986）记述喜山长尾叶猴只在我国西藏南部边境有分布，分布面积十分狭窄。汪松先生在《中国濒危动物红皮书：兽类》（1998年）中提到喜山长尾叶猴分布在西藏的墨脱、亚东、吉隆、定日和聂拉木（樟木镇），而后汪松和解焱在《中国物种红色名录 第一卷 红色名录》（2004年）中，更新其分布区为西藏的错那、定日、吉隆、聂拉木、墨脱。

　　2015年针对喜山长尾叶猴开展的物种专项调查表明，喜山长尾叶猴在我国境内仅分布于西藏日喀则的吉隆、聂拉木、定日、定结、亚东5个县南部山地沟谷中（胡慧建等，2016；胡一鸣等，2014）。以往认为分布于西藏南部及东南部的喜山长尾叶猴，经证实为戴帽叶猴（*Trachypithecus pileatus*）（Hu *et al.*, 2017）。

种群数量

　　在全球，喜山长尾叶猴虽然普遍存在，但其种群数量尚不清楚。灵长类研究学者怀疑该物种的活动范围已经在缩小（Singh *et al.*, 2020）。

　　历史文献中对喜山长尾叶猴的种群数量记录很少。《西藏哺乳类》（中国科学院青藏高原综合科学考察队，1986）记述该物种只在我国西藏南部边境有分布，分布面积十分狭窄，数量有限；《中国濒危动物红皮书：兽类》（汪松，1998）和《中国物种红色名录 第一卷 红色名录》（汪松和解焱，2004）中记述该物种

喜山长尾叶猴成年雄性个体　周智鑫 / 摄影

喜山长尾叶猴成年个体及幼年个体　周智鑫 / 摄影

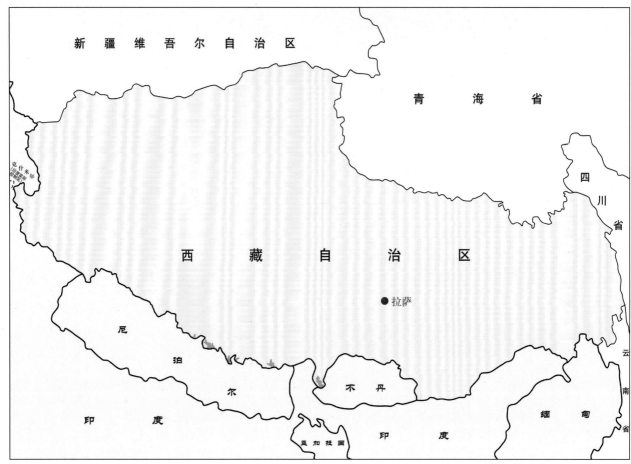

喜山长尾叶猴在中国的分布

在我国境内的种群数量约1000只。

　　2015年针对喜山长尾叶猴开展的物种专项调查得到的种群数量有一定的增长，约1300只。在实地调查过程中，通过对当地生态环境变化情况的分析研究，发现至少在30年内，该物种的数量未出现过大幅度的波动，总体上处于稳定状态。

栖息地现状

　　喜山长尾叶猴在其整个分布范围内，主要栖息于亚热带与温带的阔叶林、针叶林、河岸山地森林、灌丛和裸岩（Molur *et al.*，2003）。喜山长尾叶猴最高在海拔3500m处被记录到，但也有报道称喜山长尾叶猴可能出现在海拔高达4000m的位置。

　　在我国境内，喜山长尾叶猴仅分布于喜马拉雅山中段南翼山地的常绿阔叶林和针阔混交林中。

生存影响因素

　　种群隔离　喜山长尾叶猴在我国仅分布于喜马拉雅山中段南翼沟谷地带，被严重分割为5个独立的区域，种群间没有个体交流。

　　道路建设　道路修建对生境连续性的切割造成喜山长尾叶猴栖息地状况恶化。

　　人猴冲突　喜山长尾叶猴的活动区与人类农业生产区存在一定的重叠，尤其在食物匮乏的冬季，喜山长尾叶猴甚至冒险进入果园或居民点觅食，人猴冲突十分严重，这可能影响其种群发展。

　　旅游　随着交通条件的改善，外来游客数量呈快速增长趋势，这将对该物种的生存产生一定的干扰与影响。

管理对策

　　◆ 加强保护管理，遏制放牧对喜山长尾叶猴栖息地的影响。

　　◆ 加强向当地居民宣传野生动物保护的相关法律法规，提高群众对野生动物保护的认识。

　　◆ 加强旅游业科学管理，防止对野生动物栖息地的冲击。

黑叶猴 *Trachypithecus francoisi* (Pousargues, 1898)

猴科 Cercopithecidae

疣猴亚科 Colobinae

乌叶猴属 *Trachypithecus*

英文名: François' Langur

模式产地: 广西龙州

鉴别特征: 雄性体长51～63cm, 尾长80～90cm, 体重6.4～7.9kg; 雌性体长50～60cm, 尾长74～90cm, 体重5.5～7.9kg。皮毛为光亮的黑色, 只有一小束略长的白色毛发从嘴角沿着面部的两侧延伸到耳朵的上边缘。头顶有直立的毛冠, 面部为乌黑色。雌性在会阴区至腹股沟的内侧有一块略呈三角形的花白色斑, 使之成为区别于雄性的主要特征之一。婴猴出生时毛为黄橙色, 但在背部、臀部和尾巴上有个别的黑色阴影; 面部皮肤呈黄褐色。3周大的时候, 毛开始变黑, 到6个月大的时候, 毛完全变为黑色。

IUCN发布的物种评估结果

IUCN受威胁物种红色名录类别及标准: 濒危 Endangered A2acd+3cd+C1; 2a(i)

评估日期: 2015年12月21日

过去IUCN评估结果

2008-濒危 (EN)

本次物种评估结果

IUCN受威胁物种红色名录类别及标准: 易危 Vulnerable B2b(iii)+c(ii); C2a(i)

中国受威胁物种红色名录类别及标准: 易危 Vulnerable B2b(iii)+c(ii); C2a(i)

评估日期: 2022年8月30日

黑叶猴成年雌性个体和婴猴 新华社记者杨文斌 / 摄影

黑叶猴成年个体 新华社记者杨文斌 / 摄影

黑叶猴群体　新华社记者杨文斌／摄影

评估理由

　　近年来，由于自然保护区管理能力和打击盗猎强度的不断提升，黑叶猴种群数量已经不再降低，而是呈现明显增长的趋势，分布区域总体保持不变。我国政府启动的天然林保护工程、退耕还林工程等一系列生态保护与恢复工程的实施也大大降低了天然林的开发和利用，明显改善了黑叶猴的栖息环境，遏制了黑叶猴种群数量下降的趋势。这些都说明现有的政策和措施对于该物种的保护成效明显。目前，越南的黑叶猴种群数量不足200只，而中国的黑叶猴种群数量已由2000年统计的约1300只恢复到2020年的约1900只，预计黑叶猴种群数量在未来3个世代内也会得到稳步增长（达2500只左右）。在我国，有黑叶猴分布的保护区总面积为2914.04km²，预测在保护区内有黑叶猴分布的面积在500km²与2000km²之间。我国黑叶猴分布范围总体不变，然而缅甸黑叶猴占有面积、分布范围和（或）栖息地质量可能还会下降，或者出现波动；而且黑叶猴每个亚种群中的成熟个体数低于1000只。总体而言，黑叶猴

已经符合IUCN受威胁物种红色名录易危（VU）级别中的B2b(iii)+c(ii)和C2a(i)。建议将黑叶猴从濒危（EN）级别调整为易危（VU）级别。

　　黑叶猴主要分布在我国，所以我国的黑叶猴也符合IUCN受威胁物种红色名录易危（VU）级别中的B2b(iii)+c(ii)和C2a(i)标准，建议我国黑叶猴也由濒危（EN）级别调整为易危（VU）级别。

国家保护级别评估结果

　　国家一级重点保护野生动物

CITES附录（2019）

　　附录Ⅱ

分布范围

　　在越南，黑叶猴分布在北部临近中国云南和广西的区域。在中国广西、贵州和重庆等的喀斯特石山地区有分布。

种群数量

　　黑叶猴在国外仅分布于越南，然而越南境内的黑叶猴个体不超过200只（Nadler and Brockman, 2014;

Nadler，2013），且黑叶猴已从越南的高平、谅山、永福、老街和安沛等省灭绝（Insua-Cao *et al.*，2012）。

在我国，吴名川等（1987）基于访谈和实际调查估算广西黑叶猴数量在4000～5000只。李明晶（1995）对贵州麻阳河黑叶猴数量进行过实地调查，发现贵州有黑叶猴109群，946～1094只。20世纪90年代，根据刘万福和韦振逸（1996）及广西林业部门进行的灵长类资源调查与结果分析发现，黑叶猴还广泛分布于我国广西、贵州和重庆的41个隔离分布点内，估计个体数量为3500～3850只。2010年，广西壮族自治区林业局及重庆市林业局等机构组织的专业人员对黑叶猴种群数量进行了全面的实地调查，发现我国黑叶猴的野生种群数量为203～208群，1660～1700只（胡刚，2011）。根据最近调查，2020年黑叶猴种群数量缓慢增长至约1900只，估计在未来3个世代内黑叶猴种群数量将会达到2500只左右（周岐海和黄乘明，2021）。

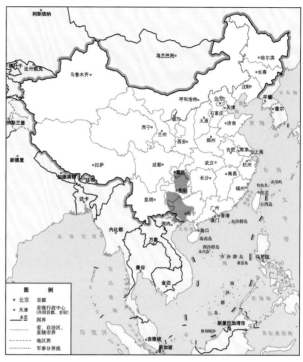

黑叶猴分布图

黑叶猴成年个体和婴猴　新华社记者杨文斌／摄影

栖息地现状

　　黑叶猴主要栖息于喀斯特区域的森林中，其生存环境往往森林繁茂、灌木丛生、山势险峻且岩洞较多，这样有利于躲避敌害。在深切河谷中，黑叶猴偏好利用较低海拔河谷地区的针阔混交林和竹林，这些区域通常坡度较陡，林冠密度和植被盖度较大，离水源较近（Zeng et al.，2013）。黑叶猴现主要分布在广西、贵州和重庆的自然保护区及其外围区域，其中包括广西4个国家级自然保护区、贵州3个国家级自然保护区，重庆1个国家级自然保护区。广西、贵州和重庆有黑叶猴分布的保护区面积分别为1584.04km²、912km²和418km²，总计2914.04km²。

生存影响因素

　　栖息地破坏及人为狩猎是过去黑叶猴衰减的主要原因。黑叶猴入药制酒是历史上广西一直存在的传统文化习惯（吴名川等，1987），因此造成了广西过去黑叶猴数量急剧衰减。现阶段黑叶猴主要的威胁是其栖息地破碎化严重、栖息地质量下降，以及可能的人类疾病的传染。未来黑叶猴面临的威胁是栖息地斑块化和破碎化，黑叶猴与社区居民接触的机会增加，人兽共患疾病传播的风险增加，将威胁到黑叶猴野生种群的生存（Young et al.，2013）。

管理对策

　　◆ 结合3S技术、激光雷达等先进方法分析栖息地连接度和潜在扩散廊道，以增加栖息地面积和种群间的基因交流，扩大适宜生境的面积。

　　◆ 完善科学管理制度及相关法律法规，严禁滥伐森林、滥捕珍稀动物，提高保护与管理效率和成果。

　　◆ 在必要地区实施移民工程，使农民远离保护区的核心区，使保护动物得到充足的生存空间。

猴科 Cercopithecidae

疣猴亚科 Colobinae

乌叶猴属 Trachypithecus

白头叶猴 *Trachypithecus leucocephalus* Tan, 1957

英文名：White-headed Langur

模式产地：广西扶绥

鉴别特征：雄性体长55～62cm，尾长82～89cm，体重8～9.5kg；雌性体长47～55cm，尾长77～82cm，体重6.7～8kg。白头叶猴雌雄同型，躯体纤瘦，四肢细长，尾长大于体长，头顶有一簇白色上翘的毛发。体毛颜色主要是黑色，头、颈、两肩毛发为白色，尾基部为黑色，后半段逐渐转为白色。初生婴猴全身均为金黄色。雌性个体在会阴区至腹股沟内有一块花白斑，略呈三角形。

IUCN发布的物种评估结果

　　IUCN受威胁物种红色名录类别及标准：极危 Critically Endangered A2cd; C2a(i)

　　评估日期：2015年12月21日

过去IUCN评估结果

　　2008-极危（CR）

　　2000-极危（CR）

　　1988-濒危（EN）

本次物种评估结果

　　IUCN受威胁物种红色名录类别及标准：极危 Critically Endangered B1a+b(iii)

　　中国受威胁物种红色名录类别及标准：极危 Critically Endangered B1a+b(iii)

　　评估日期：2022年8月30日

评估理由

　　白头叶猴种群分布范围和栖息地现状符合极危（CR）级别中的B1标准，即分布区面积小于100km²，栖息地严重片段化（a），且栖息地质量持续衰退［b(iii)］，因此，白头叶猴可以评为极危（CR）级别。

　　鉴于白头叶猴为我国特有种，IUCN受威胁物种红色名录级别评定也适合我国对白头叶猴濒危级别的划分，故我国评估级别也是极危（CR）。

国家保护级别评估结果

国家一级重点保护野生动物

CITES附录（2019）

附录Ⅱ

分布范围

白头叶猴分布于我国广西南部左江和明江之间一个十分狭小的三角形地带，包括扶绥、江州、宁明、龙州4县（区），目前仅分布于广西崇左白头叶猴国家级自然保护区和广西弄岗国家级自然保护区。

种群数量

1977年的数量调查显示，白头叶猴种群数量仅为633只，其中，广西弄岗国家级自然保护区有244只，广西崇左白头叶猴国家级自然保护区有389只（黄乘明，2002）。多年以来，分布区周边群众砍伐柴薪，尤其在保护区开垦土地种植以甘蔗为主的经济作物，对白头叶猴栖息地造成严重破坏，导致白头叶猴的种群数量持续下降。1999年的调查显示，白头叶猴种群数量为

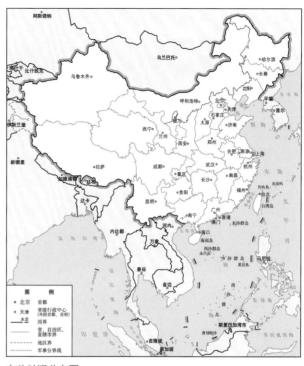

白头叶猴分布图

白头叶猴群体　广西崇左白头叶猴国家级自然保护区管理处 / 提供

白头叶猴成年雄性个体　范鹏来／摄影

白头叶猴成年雌性个体和幼年个体　范鹏来／摄影

580～620只，白头叶猴种群数量没有增长（黄乘明，2002）。21世纪初期，我国灵长类研究专家通过全面调查发现白头叶猴种群数量为72群，633只左右。白头叶猴种群数量虽然总体上没有明显变化，但是广西弄岗国家级自然保护区白头叶猴的种群数量明显下降了67.6%，广西崇左白头叶猴国家级自然保护区白头叶猴的种群数量明显上升了30%。2010年的调查结果表明，白头叶猴的种群数量增加至937只，其中，广西崇左白头叶猴国家级自然保护区白头叶猴的种群数量为858只，广西弄岗国家级自然保护区白头叶猴的种群数量为79只。目前，白头叶猴的种群数量增加至1207只（周岐海和黄乘明，2021）。过去20年，白头叶猴的种群数量在稳定增长，而且在得到有效保护的前提下，白头叶猴未来的种群数量仍会保持稳定增长。

栖息地现状

白头叶猴的栖息地面积由原来的200km²减小至现在的82km²，且栖息地严重破碎化，特别是广西崇左白头叶猴国家级自然保护区的岜盆片区和板利片区这些白头叶猴主要分布区。由于保护区土地所有权归集体所有，白头叶猴栖息的峰丛谷地被开荒成农耕用地，导致猴群所栖息的石山成为农业生态环境中的一个个"孤岛"（周岐海和黄乘明，2021）。当地人的伐薪、采药、放牧等活动对山体植被也造成严重破坏，大部分原生植被转变为次生林，主要以灌丛为主。

生存影响因素

栖息地退化　生活在退化栖息地中的白头叶猴不能获得足够的食物资源，使得白头叶猴种群较少参与繁殖，这严重威胁着白头叶猴的生存和繁衍。

栖息地破碎化　栖息地破碎化是现存白头叶猴种群的主要威胁因素，它不仅导致白头叶猴适宜生境的减少，还影响白头叶猴的迁移、扩散和建群。栖息地破碎化导致的地理隔离使不同白头叶猴亚种群之间很少有基因交流，使种群面临更大的灭绝风险。

管理对策

◆ 开展社区共建与共管，建立保护区的生态补偿机制，促进白头叶猴保护与当地居民生产需求矛盾的解决，减少当地群众对白头叶猴栖息地内耕地的依赖。

◆ 实施栖息地恢复和生态廊道建设工程，合理引导白头叶猴迁移扩散，增加白头叶猴栖息地面积和种群间的基因交流，促进孤立种群的保护。

◆ 建议采取"自筹、自建、自管、自受益"为主的管理模式，鼓励当地居民负责日常白头叶猴的保护与管理工作，激励当地居民共同参与野生动物监测，防控人为盗猎白头叶猴和砍伐树木等破坏性行为的发生。

印支灰叶猴　*Trachypithecus crepusculus* (Elliot, 1909)

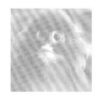

猴科 Cercopithecidae

疣猴亚科 Colobinae

乌叶猴属 *Trachypithecus*

英文名：Indochinese Gray Langur

模式产地：缅甸丹那沙林（"Mt. Muleiyit"）

鉴别特征：雄性体长约为51cm，尾长约83cm，体重约6.9kg。体型纤瘦，头部较小，面部黑色，周围有灰白色的长毛。雌雄颜色相似，通体银灰色或深灰色，雄性个体四肢颜色较深。面部皮肤深灰色，口周有白色斑块，一般不达鼻部；部分个体眼周形成白色眼圈，多数个体眼圈不完整或不明显。头顶有明显直立的冠毛，面颊部长毛向外延伸，与直立的冠毛形成三角形。

IUCN发布的物种评估结果

IUCN受威胁物种红色名录类别及标准：濒危 Endangered C1

评估日期：2015年12月21日

过去IUCN评估结果

2020-濒危（EN）

2008-濒危（EN）

本次物种评估结果

IUCN受威胁物种红色名录类别及标准：濒危 Endangered C1

中国受威胁物种红色名录类别及标准：易危 Vulnerable B2ab(i,ii,iii); C2a(i)

评估日期：2022年8月30日

评估理由

　　由于栖息地丧失与偷猎，在5年或2个世代内印支灰叶猴种群数量估计至少减少了20%以上，因此印支灰叶猴符合IUCN受威胁物种红色名录濒危（EN）级别中的C1标准。

　　通过对中国印支灰叶猴种群与分布现状及受威胁因子的分析，本次评估认为中国印支灰叶猴为易危（VU）级别，符合B2ab(i,ii,iii); C2a(i)标准。理由是：印支灰叶猴在其分布区范围内的多个自然保护区得到保护，呈较大群活动，估计现有种群数量在5000只以上。通过观察、推断中国印支灰叶猴实际占有面积在2000km²以下，且被完全分割在不同山系中（B2a）；如果未来人为干扰和经济活动持续影响印支灰叶猴的活动区域，则其分布范围（i）、占有面积（ii）、占有面积、分布范围和（或）栖息地质量（iii）将持续下降，特别是自然保护区外围地区〔B2ab(i,ii,iii)〕；推断其种群的成熟个体少于10 000只，且估计不存在成熟个体数超过1000只的亚种群〔C2a(i)〕。

国家保护级别评估结果

　　国家一级重点保护野生动物

CITES附录（2019）

　　附录Ⅱ

分布范围

　　印支灰叶猴原为菲氏叶猴（*Trachypithecus phayrei*）的一个亚种（Groves，2001），但近来的形态学和分子系统学的深入研究揭示印支灰叶猴应为一独立物种（He *et al.*，2012；Liedigk *et al.*，2009）。根据最新的分类学信息，印支灰叶猴最新的分布范围包括缅甸、泰国、老挝、越南和中国等（Groves and Roos，2013）。

　　在我国，印支灰叶猴分布于云南怒江以东、元江以西、怒江州泸水以南的广大区域（He *et al.*，2012；李致祥和林正玉，1983），除在这些区域内的自然保护区有明确记录外，在一些非保护地也观察到印支灰叶猴的活动。

种群数量

　　全国第一次陆生野生动物资源调查报道印支灰叶猴种群数量有约700只（国家林业局，2009），其中还包

印支灰叶猴成年个体　李向军／摄影

印支灰叶猴群体　李向军／摄影

印支灰叶猴成年个体　范朋飞／摄影

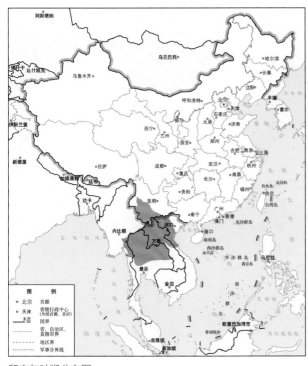

印支灰叶猴分布图

括中缅灰叶猴（*Trachypithecus melamera*）。而早期的调查显示种群数量较大（含怒江以西的中缅灰叶猴），全国强等的调查结果显示约有15 000只（全国强等，1981a，1981b）；马世来和王应祥的调查结果显示有11 500～17 000只（马世来和王应祥，1988）。近年对景东无量山地区印支灰叶猴的调查显示印支灰叶猴有43群，约2000只（Ma *et al.*，2015），最大群体可达90余只（Fan *et al.*，2015）。在南涧无量山地区也有约10个猴群被观察到，其种群数量至少在500只以上。综合各方面的数据可知，印支灰叶猴在其分布区范围内的多个保护区及其外围区域均有记录，且群体均较大，数据分析显示我国云南印支灰叶猴的种群数量应在5000只以上。

栖息地现状

　　印支灰叶猴栖息于原始、次生常绿阔叶林、半常绿阔叶林、落叶混交林，在老挝栖息于喀斯特地区。在我国云南，印支灰叶猴主要栖息于原始常绿阔叶林、山地雨林、半常绿阔叶林、石山季雨林中。现有资料表明，印支灰叶猴对栖息地需求不甚严苛，在次生、干扰程度中等的常绿阔叶林中均可生存，甚至出现在林缘农地或村庄附近。在云南永德（永康镇），发现有一独立种群栖息于有裸岩的、森林植被严重退化的隔离环境中，四周被农地、村寨、高速公路所围绕。

生存影响因素

栖息地破坏　印支灰叶猴分布区多为山地，位于人口居住区，当地居民长期的放牧习惯（林区内散放）对印支灰叶猴栖息地造成一定的影响。而规模性农业开发活动直接导致印支灰叶猴成片栖息地的丧失。

偷猎　印支灰叶猴常在地面活动，容易误入偷猎者布设的铁夹而受伤或致死。

管理对策

◆ 进行种群数量与分布调查，进一步评估印支灰叶猴的种群密度和分布区及影响其生存繁衍的主要影响因素。

◆ 开展栖息地调查评估与适宜栖息地分布图调查，对印支灰叶猴分布范围内的栖息地进行调查与适宜性评价，绘制出其最适宜的分布区，提出具体保护措施。

◆ 开展基础生态生物学研究，进行印支灰叶猴的行为生态、种群生态、繁殖生态、社会行为、保护遗传等方面的研究，为印支灰叶猴的科学保护提供科技支撑。

中缅灰叶猴　*Trachypithecus melamera* **(Elliot, 1909)**

英文名： Shan State Langur

模式产地： 缅甸掸邦北部（"Hsipaw"）

鉴别特征： 体长55～71cm，尾长60～80cm，体重7.2～10.5kg。身披银灰色毛，面部黑色，眼、嘴周围的皮肤由于缺乏色素而显得苍白。四肢细长，臀胝部不发达。头顶的毛浅银灰色，有时较长呈冠状。腹面淡灰色或浅白色。眉额之间有较长的黑毛向前伸出，似黑色长眉。

猴科 Cercopithecidae

疣猴亚科 Colobinae

乌叶猴属 *Trachypithecus*

IUCN发布的物种评估结果

IUCN受威胁物种红色名录类别及标准：濒危 Endangered A2cd; C1

评估日期：2015年12月22日

过去IUCN评估结果

2008-濒危（EN）

2000-未予评估（NE）

本次物种评估结果

IUCN受威胁物种红色名录类别及标准：濒危 Endangered C2a(i)

中国受威胁物种红色名录类别及标准：濒危 Endangered C2a(i)

评估日期：2022年8月30日

评估理由

中缅灰叶猴IUCN受威胁物种红色名录评估结果为濒危（EN），符合C2a(i)标准。估计种群的成熟个体少于2500只，且估计不存在成熟个体超过250只的亚种群。受狩猎和栖息地丧失的双重威胁，估测在过去的3个世代（36年）中，该物种的下降幅度超过50%。

中国分布的中缅灰叶猴依据同样标准评估为濒危（EN）级别。

国家保护级别评估结果

国家一级重点保护野生动物

CITES附录（2019）

附录Ⅱ

分布范围

中缅灰叶猴分布在中国怒江以西和缅甸恩梅开江以东的区域（Roos *et al.*，2020）。在缅甸，该物种分布区北起爱玛堡山（Imawbum Mountains），南抵缅甸中部克耶-克伦山脉（Kayah-Karen Mountains）的南端。在中国，该物种主要分布在云南怒江以西的高黎贡山及其周边区域，包括贡山、福贡、腾冲、隆阳、梁河、龙陵、芒市、盈江、陇川、泸西和瑞丽等11个县（市、区）（Roos *et al.*，2020；郑彬和朱边勇，2018；Ma *et al.*，2017；郑学军，1990）。

种群数量

　　2009年，国家林业局调查到菲氏叶猴滇西亚种（现已提升为独立的种——中缅灰叶猴）约700只。2018年12月，郑彬和朱边勇在云南德宏州新发现320只（郑彬和朱边勇，2018）。近年来，灵长类研究专家对整个高黎贡山区的调查研究表明，国内中缅灰叶猴约65群，总数量约2500只。同时，张晓栋等对高黎贡山南延山系的小黑山省级自然保护区古城山片区单个猴群长期监测显示，过去12年该猴群从20只增加至60只，并分为2个猴群（张晓栋等，2022）。

　　缅甸分布区目前缺乏中缅灰叶猴的种群监测数据，仅从中国中缅灰叶猴的种群数据来看，在过去的20年中，中缅灰叶猴种群数量有增长趋势。

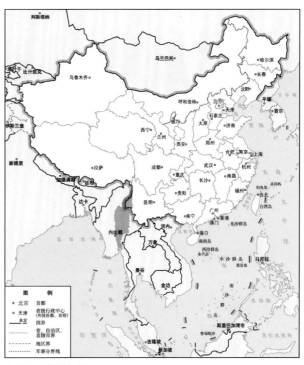

中缅灰叶猴分布图

中缅灰叶猴雌性成年个体　李家鸿／摄影

中缅灰叶猴雄性（左）和雌性（右）成年个体　李家鸿／摄影

栖息地现状

　　中缅灰叶猴栖息于中山湿润性常绿阔叶林、落叶阔叶林和少量的针叶林，也栖息于部分次生林中。根据中缅灰叶猴分布点对其生境进行预测发现，中缅灰叶猴的栖息地面积为21 608.1km²，其中国境内的面积为11 457.8km²。

生存影响因素

　　栖息地破碎化和丧失　商业性森林采伐、人口增长、农田与牧场扩张、建材薪材消耗导致中缅灰叶猴栖息地丧失和破碎化，这是中缅灰叶猴过去面临的最大威胁，目前这些人类活动依然威胁着中缅灰叶猴种群的恢复和复壮。

　　狩猎　高黎贡山地区分布的少数民族常常以狩猎为生，狩猎一直是中缅灰叶猴面临的主要威胁。

　　林下草果种植　2000年以来，林下草果种植等活动不仅影响了林下植被组成，还导致一些乔木的砍伐（孙军等，2021），直接影响了中缅灰叶猴的栖息地。

管理对策

　　◆ 建立保护中缅灰叶猴的自然保护区，并将其分布区域及潜在分布区域纳入保护区体系。

　　◆ 加强种群监测，系统开展该物种分布、数量及栖息地的调查和评估，支持区域的保护管理和规划。

　　◆ 加强放牧管理，减少放牧（牛和羊）活动对中缅灰叶猴栖息地的破坏。

戴帽叶猴　*Trachypithecus pileatus* (Blyth, 1843)

英文名： Capped Langur

模式产地： 印度阿萨姆邦

亚种分化： 全世界有4个亚种，中国有1个亚种。

不丹亚种 *T. p. tenebricus* (Hinton, 1923)，模式产地：印度阿萨姆邦。

鉴别特征： 雄性体长53～72cm，尾长83～104cm，体重11.5～14kg；雌性体长47～66cm，尾长72～102cm，体重9.5～11.5kg。戴帽叶猴为体型较大的一种叶猴，面部为黑色，身体除四肢的末端和尾巴为黑色外，其余是银灰色或黄色，顶毛蓬松，无旋毛，冠顶色深，像在头上戴了一顶"小帽"，故名"戴帽叶猴"。

猴科 Cercopithecidae

疣猴亚科 Colobinae

乌叶猴属 *Trachypithecus*

IUCN发布的物种评估结果

　　IUCN受威胁物种红色名录类别及标准：易危 Vulnerable A2ac+3c

　　评估日期：2015年12月22日

过去IUCN评估结果

　　2008-易危（VU）

　　2000-濒危（EN）

　　1996-易危（VU）

本次物种评估结果

　　IUCN受威胁物种红色名录类别及标准：易危 Vulnerable A2ac+3c

中国受威胁物种红色名录类别及标准：极危 Critically Endangered C2a(i)

　　评估日期：2022年8月30日

评估理由

　　戴帽叶猴被评为易危（VU）级别，符合A2ac+3c标准。理由是估计在过去的3个世代（36年）内，由于栖息地严重丧失，至少30%（50%）的数量下降（A2ac），且由于人类活动及人类活动导致的栖息地面积和质量的持续退化、破碎和损失，预计在未来3个世代内，其数量将以同样的速度下降（A3c）。

戴帽叶猴成年个体　高照民／摄影

将中国分布的戴帽叶猴评估为极危（CR），符合C2a(i)标准。理由是估计种群的成熟个体少于250只，并且估计不存在成熟个体超过50只的亚种群。

国家保护级别评估结果

国家一级重点保护野生动物

CITES附录（2019）

附录Ⅰ

分布范围

戴帽叶猴分布于印度、不丹、孟加拉国、缅甸和中国。在中国，戴帽叶猴分布于西藏的错那和墨脱（德阳沟），分布区总面积约12 000km^2（Hu *et al.*，2017）。

种群数量

戴帽叶猴在不丹、孟加拉国、缅甸种群数量不详（Choudhury，2008）。在印度，Choudhury 1989年估计阿萨姆邦戴帽叶猴数量约39 000只，至2014年减少到18 600只（Choudhury，2014）。在孟加拉国，戴帽叶猴受狩猎和栖息地丧失等因素影响，数量处于下降趋势（Choudhury，2014）。总体而言，世界范围内的戴帽

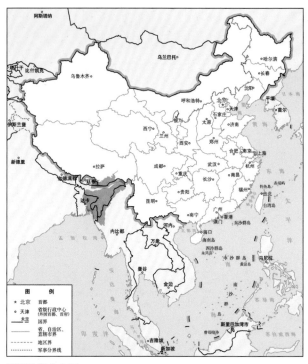

戴帽叶猴分布图

戴帽叶猴成年个体　高照民／摄影

戴帽叶猴成年雌性个体　高照民／摄影

（Choudhury，2008）。

过去国内报道的戴帽叶猴为肖氏乌叶猴（*Trachypithecus shortridgei*），仅分布于云南省贡山独龙江乡（张荣祖，1997）。2014年，Choudhury（2014）报道中国西藏有戴帽叶猴分布。直至2017年，在西藏错那和墨脱才获得戴帽叶猴的影像资料，确认中国有戴帽叶猴分布，调查后发现总数量20～30只。由于该物种为新确认在中国有分布的物种，因此，国内无法获得过去50年到过去10年戴帽叶猴种群数量变化的数据。

生存影响因素

偷猎　偷猎是戴帽叶猴种群数量下降的直接威胁因素。

栖息地破碎化和丧失　随着戴帽叶猴分布区域内人口的不断增长，适宜戴帽叶猴生存的栖息地被开发为农田用于经济作物的种植，使得戴帽叶猴的生境退化和破碎化。

放牧和林下产品采集　戴帽叶猴分布区周围的居民在森林里放牧会引起人猴冲突，且当地居民在林下采集蘑菇和药材等，也会影响戴帽叶猴的栖息环境。

未保护地域　戴帽叶猴分布区仅有1个国家级自然保护区，覆盖戴帽叶猴潜在分布区域面积不足10%，许多戴帽叶猴分布区未进行严格保护。

管理对策

◆ 建立自然保护区，将现有戴帽叶猴分布区域及潜在分布区域纳入保护区。

◆ 系统开展本底调查和种群监测，掌握戴帽叶猴的分布区和种群数量。

叶猴种群数量处于下降趋势。中国境内戴帽叶猴目前仅在西藏错那的勒布沟和墨脱的德阳沟有分布，约10个种群，总数量已不足500只。

栖息地现状

戴帽叶猴分布在海拔200～2600m，生境类型包括热带半常绿阔叶林、落叶阔叶林和常绿阔叶林

猴科 Cercopithecidae

疣猴亚科 Colobinae

乌叶猴属 *Trachypithecus*

肖氏乌叶猴　*Trachypithecus shortridgei* (Wroughton, 1915)

英文名： Shortridge's Langur

模式产地： 缅甸钦敦江上游霍马林

鉴别特征： 体长50～72cm，尾长可达70～100cm。通体银灰色，手和足深灰色；腿略微淡灰色，下腹更灰。面部皮肤亮黑色，口、唇和眼周有淡白色斑，眼睛为黄橙色。狭窄的黑色眉带在两侧末端上翘成"麦穗尖"。同样地，颊须在嘴角两边下弯成"麦穗尖"。门齿几乎与上下颌垂直，上下门齿具深的凹槽，具舌面沟。

IUCN发布的物种评估结果

IUCN受威胁物种红色名录类别及标准：濒危
Endangered A2cd+3cd

评估日期：2015年12月21日

过去IUCN评估结果

2008-濒危（EN）

2000-濒危（EN）

本次物种评估结果

IUCN受威胁物种红色名录类别及标准：濒危 Endangered A2cd+3cd

中国受威胁物种红色名录类别及标准：极危Critically Endangered C2a(i)

评估日期：2022年8月30日

评估理由

肖氏乌叶猴被评为濒危（EN）级别，符合A2cd+3cd标准。理由是过去3个世代（36年）偷猎和栖息地丧失导致肖氏乌叶猴种群数量至少减少了50%。该物种被偷猎作为食物和传统"药物"。农业扩张和木材采伐造成肖氏乌叶猴栖息地丧失是肖氏乌叶猴的主要威胁。缅甸海拔900m以下的栖息地严重丧失，栖息地退化和碎片化还在持续。因此，除非采取措施，否则未来该物种也会以同样的速度下降。

中国分布的肖氏乌叶猴评估为极危（CR）级别，符合C2a(i)标准。中国独龙江种群有250～370只（Cui et al.，2016）。每个猴群都为一雄多雌繁殖单元，其中成年个体/未成年个体≈1（Li et al.，2015b），估计独龙江肖氏乌叶猴成熟个体少于250只（C）；推测不存在成熟个体数超过50的亚种群［2a(i)］。

国家保护级别评估结果

国家一级重点保护野生动物

CITES附录（2019）

附录Ⅰ

分布范围

肖氏乌叶猴分布于中国（云南贡山的独龙江河谷地区）和缅甸（东北部钦墩江东侧胡康河谷南部）（Pocock，1939）。中国境内肖氏乌叶猴仅分布在云南贡山的独龙江河谷地区。

种群数量

根据1974年在独龙江采集到的一个肖氏乌叶猴雄性标本，李致祥和林正玉（1983）估计肖氏乌叶猴分布于高黎贡山，但具体数量不详。马世来和王应详（1988）估计独龙江有500～600只肖氏乌叶猴。2001年，云南省林业厅组织人员进行野外调查，估计出我国境内肖氏乌叶猴约250只，适宜栖息地小于1500km²（Cui et al.，2016）。我国境内肖氏乌叶猴仅分布在云南怒江州贡山的独龙江地区，约19群，250～370只

肖氏乌叶猴成年个体　字如建／摄影

肖氏乌叶猴分布图

肖氏乌叶猴成年个体和幼年个体　字如建／摄影

（Cui *et al.*，2016）。1988～1998年，独龙江肖氏乌叶猴种群个体数下降了50%；2000～2016年，猴群在维持稳定的基础上略有上升。

通过选取22个环境变量，并借助MaxEnt模型，分别预测2050年和2070年肖氏乌叶猴的潜在适宜分布区域。模型结果表明，肖氏乌叶猴2050年适宜栖息地面积为386.96km²，其中优质栖息地面积为70.92km²，次优质栖息地面积为316.03km²；2070年适宜栖息地面积为1090.91km²，其中优质栖息地面积为130.73km²，次优质栖息地面积为316.03km²。

目前，我们不清楚缅甸境内肖氏乌叶猴的种群数量。鉴于该物种有限的分布区，推测肖氏乌叶猴种群规模较小。栖息地丧失和偷猎导致肖氏乌叶猴种群数量急剧下降。因此，肖氏乌叶猴种群总体趋势为下降。

栖息地现状

肖氏乌叶猴主要分布在海拔200～2500m的常绿和半常绿森林中，主要营树栖生活，有时也下地面活动，主要取食树叶、果实等食物（Pocock，1939）。我国境内肖氏乌叶猴生境类型包括常绿阔叶林、落叶阔叶林和常绿落叶混交林，偏好在常绿阔叶林乔木层活动，活动海拔为1700～2300m（李迎春，2015）。独龙江肖氏乌叶猴栖息地面积由1975年的1222km²下降至2001年的739km²，随后逐渐恢复为2009年的800km²。同期，生境斑块大小也经历了类似的变化趋势，平均斑块大小由1975年的978hm²减小为2001年的116hm²，随后又逐渐恢复至276hm²。

生存影响因素

偷猎　在缅甸，肖氏乌叶猴被作为食物和传统"药物"，经常有偷猎盗猎肖氏乌叶猴的事件发生。有肖氏乌叶猴分布的中国云南独龙江地区与缅甸接壤，以往还有跨境偷猎事件发生。目前偷猎也可能是威胁其生存和繁衍的因素。

栖息地丧失　在中国，独龙江地区草果种植业发展速度较快，且逐步由低海拔扩展到高海拔地区，种植面积的不断扩大导致肖氏乌叶猴栖息地退化和破碎化。在缅甸，肖氏乌叶猴海拔900m以下的栖息地正在严重退化和破碎化。

管理对策

◆ 加强跨境保护，促进区域合作。建立中缅跨境联合执法与保护机制，遏制跨境非法偷猎野生动物和走私活动。

◆ 逐步遏制肖氏乌叶猴栖息地内草果种植业的发展，并采取有效措施恢复并扩大肖氏乌叶猴栖息地。

◆ 开展普法教育和保护意识宣传活动，使当地群众了解肖氏乌叶猴的活动规律、食物资源种类等基本知识，逐步提高当地群众的野生动物保护意识。

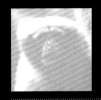

长臂猿科 Hylobatidae

白眉长臂猿属*Hoolock*

西白眉长臂猿 *Hoolock hoolock* (Harlan, 1834)

英文名： Western Hoolock Gibbon

模式产地： 印度阿萨姆邦（"Garrow-Hills"）

亚种分化： 全世界有2个亚种，中国有1个亚种。

米什米亚种 *H. h. mishmiensis* Choudhury, 2013，模式产地：印度东北部。

鉴别特征： 体长约81cm，无尾，雄性体重约6.9kg，雌性体重约6.1kg。体型瘦长，两性体型大小相似。雄性黑色，具有两条显眼的白色眉毛，与高黎贡白眉长臂猿相比，其眉间距较小。雌性多为黄棕色，腹部暗褐色，面部和眼周具有明显的白色，形成完整的白色面环。两性眉毛均为白色。新生婴猿为灰白色，几个月后逐渐转变为黑色，雌性性成熟时毛色转变成黄棕色。

IUCN发布的物种评估结果

　　IUCN受威胁物种红色名录类别及标准：濒危 Endangered A4acd

　　评估日期：2017年9月12日

过去IUCN评估结果

　　2008-濒危（EN）

　　2000-濒危（EN）

本次物种评估结果

　　IUCN受威胁物种红色名录类别及标准：濒危 Endangered A4acd

　　中国受威胁物种红色名录类别及标准：极危 Critically Endangered C1

　　评估日期：2022年8月30日

西白眉长臂猿成年雌性个体　Dilip Chetry / 摄影

西白眉长臂猿成年雄性个体　Dilip Chetry / 摄影

西白眉长臂猿成年雌性个体（左）、幼猿（雌性怀中）和成年雄性个体（右）   Dilip Chetry / 摄影

评估理由

　　西白眉长臂猿被列为濒危（EN）级别，符合IUCN受威胁物种红色名录濒危（EN）级别中的A4acd标准。理由是包括过去和将来的任何10年或者3个世代内（取更长的时间，西白眉长臂猿取3个世代，即100年）种群数至少减少50%，种群数量减少的原因可能还未终止（A4）；以上观察、估计、推断或者猜测所依据的资料来源于直接观察（a），占有面积减少、分布范围减少和（或）栖息地质量下降（c），以及实际的或潜在的开发水平（d）。

　　我国西白眉长臂猿分布范围狭窄，且种群数量较少。2006年的研究数据显示我国分布的西白眉长臂猿少于450只，预计目前其成熟个体数已少于250只，其濒危程度符合IUCN受威胁物种红色名录极危（CR）级别中的C1标准，因此，我国西白眉长臂猿被评为极危（CR）级别。

国家保护级别评估结果

　　国家一级重点保护野生动物

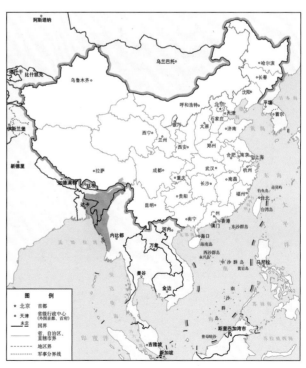

西白眉长臂猿分布图

西白眉长臂猿成年雄性个体　Dilip Chetry / 摄影

CITES附录（2019）

附录 I

分布范围

西白眉长臂猿主要分布在缅甸、孟加拉国、印度和中国（藏南地区）（Brockelman and Geissmann，2020）。根据Trivedi 等（2021）最新的研究结果，在中国，现今西白眉长臂猿主要分布在西藏察隅的丹巴曲和察隅河之间。

种群数量

据估计，孟加拉国有200～280只西白眉长臂猿（Molur *et al.*，2003）。在印度，西白眉长臂猿分布在东北部的几个邦，且分布在这些区域的种群往往是孤立生存的。据统计，印度东北部的西白眉长臂猿总数现在估计超过12 000只（Molur *et al.*，2003）。截至目前，缅甸还没有西白眉长臂猿种群的调查数据。

在中国，过去的调查研究结果显示，分布在西藏察隅的西白眉长臂猿种群数量约450只（Das *et al.*，2006）。然而目前国内还没有开展过深入的针对西白眉长臂猿种群的调查研究，其分布范围及其种群数量还有待进一步调查才能确定。

栖息地现状

西白眉长臂猿是树栖物种，生活在缅甸、孟加拉国、印度和中国的常绿阔叶林、半常绿阔叶林、混交林及阔叶山地林中。西白眉长臂猿还出现在千果榄仁（*Terminalia myriocarpa*）以及大花紫薇（*Largerstroemia speciosa*）的种植园中。尽管西白眉长臂猿可能在种植园中活动，但它们无法在单一物种的种植园中生存（Choudhury，2013）。

生存影响因素

栖息地破坏　栖息地丧失和破碎化是西白眉长臂猿面临的主要威胁（Brockelman and Geissmann，2020）。当地居民对森林依赖程度很高，各种经济作物

（如茶树、生姜和芥末等）的种植以及道路的扩张都造成西白眉长臂猿栖息地的丧失和破碎化（Das *et al.*，2006）。由于栖息地的丧失和破碎化，极小种群可能很难在几个世代内生存下去。

捕猎　在印度的一些地方，一些民族认为西白眉长臂猿具有药用价值，所以捕猎西白眉长臂猿的事件时有发生。

政治局势　在缅甸，不稳定的政治环境也阻碍了缅甸政府在与印度和孟加拉国接壤的缅甸西北部和中西部地区有效保护西白眉长臂猿种群。

管理对策

◆ 开展种群动态的调查，了解西白眉长臂猿在我国的具体分布和种群数量动态变化。

◆ 开展长期的行为生态学研究，制定我国西白眉长臂猿的保护行动计划。

长臂猿科 Hylobatidae

白眉长臂猿属 *Hoolock*

高黎贡白眉长臂猿 *Hoolock tianxing Fan et al.*, 2017

英文名：Gaoligong Hoolock Gibbon

模式产地：云南保山隆阳（高黎贡山红木树）

鉴别特征：体长45～65cm，体重6～9kg，雌雄没有明显差异。雄性通体黑色，胸腹部有棕色毛；眉毛白色，两条白眉截然分开；眼眶下没有明显的白毛；下巴上的胡须为黑色或棕色；阴毛为棕色或黑色。雌性黄棕色至黄褐色；眉毛白色，眉间距较小；双眼之间的白毛较少，眼侧的白毛也比较少；下巴上有明显的白须。

高黎贡白眉长臂猿雄性个体　范朋飞／摄影

IUCN受威胁物种红色名录类别及标准：濒危
Endangered A4cd

评估日期：2019年7月10日

本次物种评估结果

IUCN受威胁物种红色名录类别及标准：濒危
Endangered A4cd

中国受威胁物种红色名录类别及标准：极危
Critically Endangered C1

评估日期：2022年8月30日

评估理由

高黎贡白眉长臂猿被列为濒危（EN）级别，符合
A4cd标准。理由是包括过去和将来的任何10年或者3个
世代（取更长的时间，高黎贡白眉长臂猿取3个世代即
100年）内种群数至少减少50%，种群数量减少的原因
可能还未终止（A4）；所依据的资料为观察、估计、
推断或猜测的高黎贡白眉长臂猿占有面积减少、分布范
围减少和（或）栖息地质量下降（c），以及实际的或
潜在的开发水平（d）。

调查发现，中国境内的高黎贡白眉长臂猿分布在
15个严重分割的片段区内（Zhang et al.，2020），种群
数量少于150只（成熟个体少于100只）。因此，中国高
黎贡白眉长臂猿的濒危程度符合IUCN受威胁物种红色
名录极危（CR）级别中的C1标准，应评为极危（CR）
级别。

国家保护级别评估结果

国家一级重点保护野生动物

CITES附录（2019）

附录 I

分布范围

高黎贡白眉长臂猿主要分布在缅甸东北部（Fan
et al.，2017）。根据2017年的调查，中国现今高黎贡
白眉长臂猿仅分布在云南的盈江、隆阳和腾冲（Zhang
et al.，2020）。

高黎贡白眉长臂猿成年雌性个体　赵超／摄影

高黎贡白眉长臂猿成年雄性个体　范朋飞／摄影

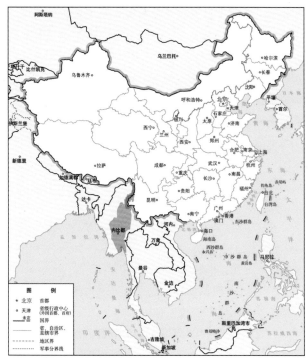

高黎贡白眉长臂猿分布图

种群数量

在中国，据史料记载，高黎贡白眉长臂猿广泛分布在泸水、隆阳、腾冲、瑞丽、龙陵、陇川、芒市、盈江、梁河9个县（市、区），共计41～48群（马世来和王应祥，1986，1988；Fooden *et al.*，1987；杨德华等，1985；李致祥和林正玉，1983）。Yang等（1987）估计1985年我国高黎贡白眉长臂猿的数量为155～188只。1992～1994年的调查显示，高黎贡白眉长臂猿在我国仅分布在保山、腾冲、盈江和陇川，有36～67群，200～300只（蓝道英等，1995）。Fan等（2011）报道高黎贡白眉长臂猿仅分布在盈江、隆阳和腾冲的17个片段化的地区，40～43群，156～200只。最近的一次调查（2017年）发现高黎贡白眉长臂猿仅分布在盈江、隆阳和腾冲的15个片段化的地区（高黎贡山国家级自然保护区内和云南铜壁关省级自然保护区周边），32～34群和11只成年独猿，总数少于150只（106～138只）（Zhang *et al.*，2020）。

高黎贡白眉长臂猿成年雌性个体（左）和成年雄性个体（右）　赵超／摄影

栖息地现状

高黎贡白眉长臂猿栖息于海拔1600～2700m的中山湿润和半湿润常绿阔叶林中，独猿有时到达海拔1400～1500m地带（Yuan et al.，2014）。受2010年前森林商业采伐和农业扩张的影响，高黎贡白眉长臂猿栖息地由低海拔向高海拔退缩（Fan et al.，2011）。

生存影响因素

栖息地破碎化　在过去，高黎贡白眉长臂猿受偷猎、商业采伐和农业扩张的影响，而成为濒危物种（Fan et al.，2011）。现今由于农田、河流、公路等阻隔，我国现有的32群高黎贡白眉长臂猿分布在15个片段化的地区，且一个片区的种群数量不超过4群，甚至有3个片区仅1群高黎贡白眉长臂猿分布的情况（Zhang et al.，2020）。

种植业扩张　有50%左右的高黎贡白眉长臂猿种群分布在自然保护区外，虽然当地傈僳族的传统生态知识对高黎贡白眉长臂猿的保护起到了一定作用，但是他们仍然非常依赖森林，在森林里进行各种各样的农业生产活动（包括林下草果种植），从而影响了高黎贡白眉长臂猿的栖息地结构、生存和繁衍（Zhang et al.，2020）。

管理对策

◆ 开展长期的种群动态监测和巡护，掌握种群变化与栖息地利用情况。

◆ 开展长期行为生态学研究，掌握高黎贡白眉长臂猿的食性、游走、栖息地利用等基础生态数据，为保护区管理部门制定科学保护计划提供支撑。

◆ 开展栖息地适宜性评价及潜在廊道研究，实现片段化栖息地之间的有效连接，拯救孤立种群，促进高黎贡白眉长臂猿扩散、迁移。

◆ 扩大自然保护区建设，将目前保护区外的野生种群纳入正在筹建的高黎贡山国家公园范围。

◆ 移除林下种植的草果，鼓励和引导当地居民在森林外开展多种农业生产或经济作物种植。

长臂猿科 Hylobatidae

长臂猿属 *Hylobates*

白掌长臂猿　*Hylobates lar* (Linnaeus, 1771)

英文名：White-handed Gibbon

模式产地：马来西亚马六甲

亚种分化：全世界有5个亚种，我国有1个亚种。

云南亚种 *H. l. yunnanensis* Ma *et* Wang, 1986，模式产地：云南孟连腊福。

鉴别特征：成年雄性体长约为41.4cm，体重4.1～7.3kg；成年雌性体长约为41.6cm，体重3.9～6.1kg。手、足白色或淡白色。面部周围常形成明显的白色面环，雌性面环近封闭，雄性面环多不封闭（被白色眉纹断开）。两性均有暗、淡两种色型；暗色型毛色为黑褐色（手、足、眉、面环颜色除外）；淡色型毛色呈淡黄色或奶油黄色，面环和手足更淡，为白色。

IUCN发布的物种评估结果

IUCN受威胁物种红色名录类别及标准：濒危Endangered A2cd+3cd

评估日期：2015年12月22日

过去IUCN评估结果

2008-濒危（EN）

2000-近危（NT）

1996-近危（NT）

本次物种评估结果

IUCN受威胁物种红色名录类别及标准：濒危Endangered A2cd+3cd

中国受威胁物种红色名录类别及标准：野外灭绝Extinct in the Wild

评估日期：2022年8月30日

评估理由

白掌长臂猿被评为濒危（EN）级别，符合A2cd+

白掌长臂猿成年雄性个体　赵超／摄影

3cd标准。理由是在过去的3个世代（45年）内，由于栖息地森林快速丧失、猎杀、宠物贸易等，白掌长臂猿的种群数量减少50%以上。

经过评估后发现中国分布的白掌长臂猿符合野外灭绝（EW）的标准。通过对白掌长臂猿已知分布区及周边区适宜栖息地进行系统调查，野外未发现生存的种群，亦未监听到其叫声。据访问调查，至少10年以上没有在野外听到过其叫声。

国家保护级别评估结果

国家一级重点保护野生动物

CITES附录（2019）

附录 I

分布范围

白掌长臂猿是长臂猿科中分布最广的一个种，其分布北缘起于中国西南部、缅甸东部，向南至缅甸南部、泰国、老挝西北部、马来西亚、印度尼西亚（苏门答腊岛北部）（Brockelman and Geissmann, 2020；Groves, 2001；马世来和王应祥，1986）。

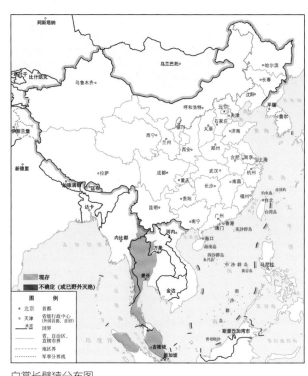

白掌长臂猿分布图

白掌长臂猿成年雄性个体　赵超／摄影

在中国，白掌长臂猿仅分布于云南西南部普洱的孟连和西盟，以及临沧的沧源，是白掌长臂猿分布的最北界（Yang et al.，1987；马世来和王应祥，1986；李致祥和林正玉，1983）。2007年，中国-瑞士科学家组成联合调查队在白掌长臂猿最可能有残存群体的云南南滚河国家级自然保护区沧源片区进行系统调查，结果未发现白掌长臂猿，亦未监听到白掌长臂猿的叫声，显示白掌长臂猿在区域内可能已功能性灭绝（Grueter et al.，

2009）。在第二次全国陆生野生动物资源调查过程中，2012～2014年中国科学院昆明动物研究所科研人员先后在原报道的分布地（南滚河国家级自然保护区沧源、西盟、孟连）和外围镇康的林区进行实地调查，未听到白掌长臂猿的叫声，也未发现任何白掌长臂猿的活动痕迹。

种群数量

关于中国白掌长臂猿种群数量的调查数据较少。杨德华等基于1985年的局部调查，估计我国有白掌长臂猿5群，19～27只（Yang et al.，1987）。20世纪90年代初，国家林业局（2009）记录在云南南滚河国家级自然保护区发现3群共10只白掌长臂猿，此后再未有明确报道。全国第一次陆生野生动物资源调查估计白掌长臂猿种群数量为5～7群，共20～30只，报告中亦明确指出孟连、西盟的白掌长臂猿或已绝迹（国家林业局，2009）。2007年，中国科学院昆明动物研究所和瑞士苏黎世大学联合在南滚河国家级自然保护区进行调查，调查过程中未发现白掌长臂猿的活动痕迹，也没听到白掌长臂猿的叫声，而且在这次联合调查中，专家通过走访调查发现，自2000年开始当地居民也再没有听到过长臂猿的叫声，因此认为白掌长臂猿在南滚河国家级自然保护区已经消失（Grueter et al.，2009）。2012～2014年，中国科学院昆明动物研究所科研人员进行了第二次全国陆生野生动物资源调查，在白掌长臂猿原有分布区（南滚河国家级自然保护区沧源、孟连、西盟）及周边沿国境线地区进行了访问调查和实地调查，均未获取到近期有效的白掌长臂猿的活动信息。综合已有数据和信息，白掌长臂猿在中国可能已区域灭绝。

栖息地现状

白掌长臂猿栖息于海拔1200m以下的常绿阔叶林、半常绿阔叶林、湿润常绿阔叶林、常绿-落叶混交林中，常在未受干扰的原始林树冠上层活动，亦见于次生林和选择性采伐林中。分布于我国云南的白掌长臂猿，其栖息地海拔（1900～2000m）明显高于东南亚地区白掌长臂猿的栖息地海拔（马世来和王应祥，1986），我国云南种群栖息地植被类型主要有季节雨林、山地雨林、半常绿季雨林、季风常绿阔叶林（杨宇明和杜凡，2004）。然而，白掌长臂猿的栖息地在20世纪50～60年代因毁林开荒而大面积被破坏，森林基本被玉米地等代替，现有森林多是在70年代相继弃耕后逐渐恢复起来的。

生存影响因素

白掌长臂猿的主要威胁是狩猎，其次是森林砍伐。

栖息地的丧失　20世纪50～60年代，在云南老石头寨（属于现在南滚河国家级自然保护区沧源片区的班老-南滚河一带）曾发生大面积毁林开荒，进行大规模的粮食生产。有年长村民称，在从事农业生产活动时曾听到过白掌长臂猿叫声，后来逐渐消失。尽管随着弃耕及自然保护区的建立森林植被得以恢复，但白掌长臂猿因种群过小而未能恢复。

偷猎与盗伐　偷猎和盗伐行为时有发生，任何一次偷猎行为对于可能已灭绝或种群数量极为稀少的白掌长臂猿来说都是灭顶之灾。

放牧　森林中散养牲畜在云南山区是很常见的一种放牧形式，而牲畜大量啃食和踩踏森林植被会破坏白掌长臂猿的栖息地，甚至有些当地村民会通过砍树的方式让牲畜取食树冠部分的树叶，这进一步严重威胁到白掌长臂猿的生存和繁衍。

管理对策

◆ 进行种群与分布再调查与核实，进一步确认该物种是否已消失，寻找可能存在但还未被发现的种群。

◆ 开展白掌长臂猿适宜栖息地保护，招引跨境种群扩散迁移到我国。

◆ 开展以白掌长臂猿为旗舰物种的保护宣传教育，提高白掌长臂猿分布区范围内及周边地区群众的保护意识。

白掌长臂猿成年雌性个体和幼猿　赵超／摄影

西黑冠长臂猿 *Nomascus concolor* (Harlan, 1826)

长臂猿科 Hylobatidae

冠长臂猿属 *Nomascus*

英文名： Western Black Crested Gibbon

模式产地： 越南河内

亚种分化： 全世界有4个亚种，中国有3个亚种。

指名亚种 *N. c. concolor* (Harlan, 1826)，模式产地：越南河内；

滇西亚种 *N. c. furvogaster* Ma *et* Wang, 1986，模式产地：云南沧源勐来（窝坎大山）；

景东亚种 *N. c. jingdongensis* Ma *et* Wang, 1986，模式产地：云南景东温卜（无量山）。

鉴别特征： 体长43～45cm，体重7～8kg。成年雄性全身被毛黑色，冠毛较长，耳朵不外露；成年雌性被毛黄色，头顶有明显的黑色冠斑，不明显突出，嘴角有白毛，下巴毛黑色，胸腹部黑色。雄性成年后被毛保持黑色，雌性性成熟时被毛逐渐变成黄色。

IUCN发布的物种评估结果

IUCN受威胁物种红色名录类别及标准：极危

Critically Endangered A2acd+3cd

评估日期：2015年12月20日

过去IUCN评估结果

2008-极危（CR）

2000-濒危（EN）

1996-濒危（EN）

西黑冠长臂猿成年雄性个体　唐云 / 摄影

1994-濒危（EN）

1990-易危（VU）

1988-易危（VU）

本次物种评估结果

IUCN受威胁物种红色名录类别及标准：极危 Critically Endangered A2acd+3cd

中国受威胁物种红色名录类别及标准：极危 Critically Endangered A2acd

评估日期：2022年8月30日

评估理由

西黑冠长臂猿在3个世代（过去45年）内种群数量估计减少了80%以上，且预计在未来45年，因偷猎和栖息地丧失，其栖息地分布范围将减小，栖息地质量将下降，实际的或潜在的开发水平（林下经济作物种植和放牧等）也会影响其种群，预测种群数量还将持续减少。总体濒危状况符合IUCN受威胁物种红色名录极危（CR）级别的A2acd+3cd标准。因此，西黑冠长臂猿被评估为极危（CR）级别。

通过现有记录与历史资料比较发现我国西黑冠长臂猿云南西部种群、南部种群、中部种群在过去3个世代内的种群数量总体估计减少了80%以上，栖息地面积急剧缩小，栖息地质量下降，且林下经济作物草果的种植等也在影响着西黑冠长臂猿的生存，符合IUCN受威胁物种红色名录极危（CR）级别的A2acd标准。近年来，我国政府对西黑冠长臂猿的栖息地从根本上采取了有力的保护措施，其种群未来可能会逐渐恢复，然而鉴于该物种目前较少的种群数量和破碎化的栖息环境，在我国分布的西黑冠长臂猿也应被评估为极危（CR）级别。

国家保护级别评估结果

国家一级重点保护野生动物

CITES附录（2019）

附录 I

分布范围

西黑冠长臂猿分布在越南北部、老挝西北部、中国（云南中部、西部和南部），其中，中国是其主要分布区（Mittermeier et al.，2013；Timmins and Duckworth，2013；Groves，2001；马世来和王应祥，1986a，1986b）。

历史上西黑冠长臂猿分布范围较广，曾报道见于云南临沧（永德、耿马、沧源）、保山、普洱（景东、镇

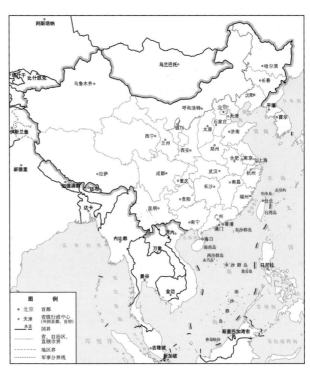

西黑冠长臂猿分布图

沅）、玉溪（新平）、楚雄州（双柏）、红河州（绿春、金平、屏边、河口、建水）（Lan，1989；Yang et al.，1987；马世来和王应祥，1986；李致祥和林正玉，1983）。20世纪90年代开展的全国第一次陆生野生动物资源调查显示，上述分布地还有西黑冠长臂猿分布，另外还增加了红河、景东两个分布地。21世纪陆续开展了一系列西黑冠长臂猿种群数量与分布的调查，结果表明，近二三十年来西黑冠长臂猿的分布范围发生了很大的变化，其中红河州和临沧的变化最大（Jiang et al.，2006）。2003～2004年，中国科学院昆明动物研究所研究人员针对滇南、滇东南地区西黑冠长臂猿的调查显示，西黑冠长臂猿仅在金平（芭蕉河、西隆山地区）和绿春（黄连山地区）呈点状分布，在屏边、河口、红河、建水等地没有记录到（Jiang et al.，2006）。2009年、2014年中国科学院昆明动物研究所研究人员再次对绿春、金平进行了调查，结果显示黄连山已无分布，目前仅在金平芭蕉河、西隆山的两个点记录到西黑冠长臂猿，且根据调查到的种群大小与结构推测，芭蕉河种群有极高的灭绝风险。

在云南西部，该物种同样也曾有广泛分布，如永德大雪山、耿马邦马山与回汗山、沧源窝坎大山等

（Lan，1989；Yang et al.，1987；马世来和王应祥，1986；李致祥和林正玉，1983）。21世纪初，中国科学院昆明动物研究所调查人员通过访问调查了解到在镇康南捧河省级自然保护区雪竹林片区有西黑冠长臂猿存在，在第二次全国陆生野生动物资源调查展开后，中国科学院昆明动物研究所于2014年10月在此地开展了为期10天的调查，尽管只监听到1群和1只独猿的叫声，但证实了西黑冠长臂猿在镇康的分布。保山市（原保山地区）瓦窑曾有西黑冠长臂猿的记录，中国科学院动物研究所于20世纪60年代在此地获得一标本（李致祥和林正玉，1983），但后来再无西黑冠长臂猿分布的信息。可喜的是2016～2017年，大理大学在大理州云龙漕涧（隆阳瓦窑以北地区）志奔山不仅监听到西黑冠长臂猿的叫声，还利用红外相机记录到西黑冠长臂猿活动的视频（Fang et al.，2020b），这是现今确认的西黑冠长臂猿分布的最北缘。这一记录在一定程度上说明，西黑冠长臂猿在一些地区可能还有残存群体未被发现。

20世纪80年代在耿马邦马山与回汗山、沧源窝坎大山等区域，科研人员明确记录到西黑冠长臂猿的分布（Lan，1989；Yang et al.，1987），但在2013～2014年第二次全国陆生野生动物资源调查过程中，中国科学院昆明动物研究所科研人员经过80余天的调查，未能在这些区域监听到西黑冠长臂猿的叫声，仅有牧民称在5～8年前见过西黑冠长臂猿或听到过西黑冠长臂猿的叫声（赵启龙等，2016）。即便是在永德大雪山国家级自然保护区，西黑冠长臂猿的分布范围也退缩明显，据中国科学院昆明动物研究所1992年、2001年、2014年及2020年的调查，西黑冠长臂猿已从四十八道河等区域退缩到淘金河一带。

云南中部哀牢山区、无量山区是西黑冠长臂猿的集中分布区，然而分布在这两个区域的部分种群受栖息地破碎化的影响，种群被隔离，彼此之间已没有基因交流（李国松等，2011；罗忠华，2011；罗文寿等，2007；Jiang et al.，2006）。

种群数量

西黑冠长臂猿在国外仅见于越南北部和老挝西北部，其中，越南有20～25群（Rawson et al.，2011），老挝有约10群（Youanechuexian，2014）。

关于中国西黑冠长臂猿种群数量，自20世纪80年代中期不时有报道，但是早期的种群数量大多为基于访问调查和少量实地调查进行的估计，因而数量差异较大，如杨德华等（1985）认为指名亚种有133～190只，景东亚种有195～231只；Haimoff等（1986）认为景东亚种有225～250群，滇西亚种有100～500群；Bleisch和Chen（1990）基于无量山区、哀牢山区适于栖息的森林面积和种群密度估计两地均有西黑冠长臂猿160～300群。

2000年以来，中国学者对西黑冠长臂猿种群数量和分布开展了一系列的专项调查，其中针对云南中部无量山区西黑冠长臂猿于2001年、2010年、2020年先后开展了三次调查，分别记录到西黑冠长臂猿98群（Jiang et al.，2006）、87群（罗忠华，2011）、104群（Fan et al.，2022），调查表明，无量山区西黑冠长臂猿种群

西黑冠长臂猿成年雌性个体　刘业勇／摄影

中国西黑冠长臂猿种群数量及其变化

指名亚种种群数量	滇西亚种种群数量	景东亚种种群数量	资料来源
4群	—	6～7群	Tan，1985
133～190只	—	195～231只	杨德华等，1985
—	100～500群	225～250群	Haimoff *et al.*，1986
20～50只	80～100只	200～300只	王应祥和马世来，1988
40～60只	约100只	约300只	马世来和王应祥，1988
75～150群	5～26群	117～144群	Lan，1989；蓝道英等，1995
160～300群	—	160～300群	Bleisch and Chen，1990
130群，共600～700只	—	55群，共250～300只	马世来，1993
少于100只	80～100只	400～450只	马世来等，1994
—	50～100只	300～400只	王应祥和蒋学龙，1995
—	—	约81群	Zhang，1995
74～106群	26～42群	100～116群	王应祥等，2000
		98群	Jiang等，2006
		87群	罗忠华，2011
180～190群	—	—	倪庆永和马世来，2006；罗文寿等，2007；李国松等，2011

注："—"表示文献没有记录

数量稳定，并有所增加。在云南中部哀牢山区，哀牢山国家级自然保护区楚雄管护局于2004年底启动了其辖区内的西黑冠长臂猿种群数量与分布调查，记录到39群（Jiang *et al.*，2006）。2020年11月哀牢山国家级自然保护区工作人员调查显示，哀牢山地区有西黑冠长臂猿63群和14只独猿，16年中西黑冠长臂猿的种群数量显著增加。2003～2004年在云南南部地区采用访问调查和鸣声定位法对西黑冠长臂猿的潜在分布区进行了调查，结果表明，云南南部有西黑冠长臂猿3～7群，不超过25只，且种群呈孤立分布状态（倪庆永和马世来，2006）。2009年、2014年两次对绿春（黄连山）、金平（芭蕉河、西隆山）的调查结果显示，黄连山已无西黑冠长臂猿分布，芭蕉河1个可繁育的群体仅剩两只雌性，西隆山也仅在与越南交界的区域监听到1个群体的叫声。可见，西黑冠长臂猿在云南南部分布区已急剧缩小，种群数量也极大减少，有极高的灭绝风险。在云南西部，西黑冠长臂猿曾分布较广泛，有20余群，共100只（Lan，1989；王应祥和蒋学龙，1995；马世来等，1994；马世来和王应祥，1988），然而目前该区域的西黑冠长臂猿甚至为个位数，有极高灭绝风险。

我国现有调查显示，云南中部无量山和哀牢山区有西黑冠长臂猿约310群，600～1000只，约占全球西黑冠长臂猿总数量的90%，是西黑冠长臂猿分布和种群数量最集中的区域。

栖息地现状

西黑冠长臂猿栖息于亚热带山地常绿阔叶林、半常绿与落叶阔叶林中。在老挝南坎（Nam Kan）国家公园，西黑冠长臂猿栖息地海拔在571～815m

（Youanechuexian，2014）。而在中国云南无量山区、哀牢山区，西黑冠长臂猿主要栖息在海拔1800～2800m的半湿润常绿阔叶林和中山湿润性常绿阔叶林及山顶苔藓矮林中（李国松等，2011；罗忠华，2011；Fan and Huo，2009；罗文寿等，2007；Jiang *et al.*，2006；Bleisch and Chen，1990）。通过对无量山区、哀牢山区多个群体的观察，发现其家域面积为100～200km²（蒋学龙等，1994）或150～260km²（范朋飞和蒋学龙，2007）。

程峰（2017）基于1988年、1995年、2005年和2015年的Landsat影像的分析结果得出，西黑冠长臂猿分布区范围内大片且连续的生境类型（常绿阔叶林）主要集中在无量山区、哀牢山区、永德大雪山、邦马山、雪竹林大山、耿马山、回汗山、窝坎大山、牛倮河、黄连山、大围山、分水岭、西隆山、观音山等地，这些地方多为国家级或省级自然保护区，保护力度显著大于其他地区，其他地区虽也有常绿阔叶林覆盖，但斑块面积较小或破碎化严重，不适合家域面积较大的西黑冠长臂猿生存。

从主要栖息地生境类型（常绿阔叶林）来看，西黑冠长臂猿分布区斑块面积呈现减小的趋势，由1988年的5231km²下降至2015年的4790km²，且斑块数量由8127个迅速增加到86 737个，显示出西黑冠长臂猿栖息地常绿阔叶林景观在不断破碎化，然而不同地区生境破碎化程度有较大差异。1988年，在云南南涧、景东、镇沅、景谷、新平、楚雄、双柏、南华等西黑冠长臂猿主要分布的区域，常绿阔叶林的总斑块数量为2828个，总斑块面积约2734.9km²，其中有157个斑块的面积大于1km²；至2015年，总斑块数量达41 958个，总斑块面积约2359.28km²，而大于1km²的斑块降为97个，下降38.2%；其中无量山区和哀牢山区中常绿阔叶林的斑块面积是最大的，占总面积的一半以上。

云南镇康、永德、耿马、沧源、双江、云县、凤庆、临翔为西黑冠长臂猿滇西亚种分布区域，分布区常绿阔叶林中的斑块数量在1988年为1960个，总斑块面积达1205.38km²，面积大于1km²的斑块有99个；2015年斑块数量增至36 902个，其中面积大于1km²的斑块有116个，总斑块面积下降了约96.77km²，且斑块平均面积在减小，如1988年常绿阔叶林中最大斑块面积约265.4km²，而2015年最大斑块面积下降到187.8km²。在云南红河、江城、绿春、元阳、屏边、河口、金平，1988年有常绿阔叶林斑块3498个，其中包括面积大于

西黑冠长臂猿成年雌性个体和幼猿　马晓锋／摄影

1km²的斑块222个，总斑块面积约1425.15km²；2015年斑块数量达12 235个，其中仅有50个斑块的面积超过1km²，总斑块面积约911.19km²。

生存影响因素

极小种群化与灭绝旋涡　尽管西黑冠长臂猿主要分布于中国云南，但分布极不均匀，其中90%以上的种群集中分布于云南中部无量山区和哀牢山区，而在其他地区均呈现出极小种群化。极小种群的负面效应在芭蕉河地区已经显现，该极小种群已趋于灭绝。

种群隔离　在种群分布最为集中的无量山区和哀牢山区，因道路建设等导致西黑冠长臂猿栖息地片段化而形成种群隔离，最为典型的隔离种群包括分布于无量山南段宁洱梅子的小种群和分布于哀牢山国家级自然保护

西黑冠长臂猿成年雌性个体　张兴伟／摄影

区北段南华片区的小种群。

栖息地破坏　随着我国天然林保护工程、退耕还林工程等的实施，西黑冠长臂猿栖息地得到一定的恢复，然而其栖息地依然受到不同程度的干扰和破坏，其中影响最大的是林下经济作物种植（如草果种植）和放牧。

偷猎　尽管西黑冠长臂猿被列为国家一级重点保护野生动物，受到法律的保护，但偷猎活动在某些地区可能还时有发生。

管理对策

◆ 实施极小种群监测与保护管理，掌握西黑冠长臂猿种群变化与分布的现状，避免极小种群进入灭绝旋涡。

◆ 种群与栖息地巡护监测。结合自然保护区巡护监测，制定针对集中分布区（无量山区、哀牢山区）的西黑冠长臂猿种群与栖息地巡护监测计划，并在无量山、哀牢山地区分别选择3～5个小种群及其栖息地进行长期监测，掌握其种群结构与动态及种群栖息地的变化，以制定针对性保护措施。

◆ 进行栖息地调查评估与适宜栖息地分布图绘制，掌握西黑冠长臂猿最适宜栖息地分布区、迁移廊道区，以采取适宜的分级保护与管理措施。

◆ 进行生态廊道恢复与生态廊桥建设，开展先锋速生乔木乡土树种种植、西黑冠长臂猿喜食乡土植物种植等，打通隔离种群的交流屏障。

长臂猿科 Hylobatidae

冠长臂猿属 *Nomascus*

海南长臂猿 *Nomascus hainanus* (Thomas, 1892)

英文名： Hainan Gibbon

模式产地： 海南

鉴别特征： 体长约50cm，体重5.8～10kg。成年雄性全身黑色，冠毛比较发达，耳朵外露；成年雌性黄色，头顶冠斑小而不明显，下巴上的毛为黄色，口鼻部有少量白毛，不形成明显的白色面环。新生婴猿背部有少量黄毛，额头黑色，随后黄毛逐渐浓密，3月龄开始变黑。雄性成年后被毛保持黑色，雌性性成熟后被毛逐渐变成黄色。受雌激素的影响，老年雌性的毛色会逐渐变黑。

IUCN发布的物种评估结果

　IUCN受威胁物种红色名录类别及标准：极危

Critically Endangered A2acd; B1ab(iii); D

　评估日期：2015年12月20日

过去IUCN评估结果

2008-极危（CR）

2003-极危（CR）

海南长臂猿成年雌性个体　周江／摄影

海南长臂猿成年雄性个体　赵超／摄影

海南长臂猿成年雌性个体和幼年个体　赵超／摄影

本次物种评估结果

　　IUCN受威胁物种红色名录类别及标准：极危
Critically Endangered A1c; B1; D1

　　中国受威胁物种红色名录类别及标准：极危
Critically Endangered A1c; B1; D1

　　评估日期：2022年8月30日

评估理由

　　据相关文献记载和实地调查研究，1950～2020
年海南长臂猿的数量由2000多只下降到33只，种群数
量减少率高达90%以上（Deng et al.，2017；邓怀庆
和周江，2015）。该区域内的物种丰富度指数持续下
降，斑块破碎化严重，森林覆盖率持续降低（彭红

元等，2008）。符合IUCN受威胁物种红色名录极危
（CR）级别中A1标准（根据以下任何一方面资料，
观察、估计、推断或猜测，过去10年或者3个世代内
或取更长的时间，种群数至少减少90%）中的c类标准
［占有面积减少、分布范围减少和（或）栖息地质量
下降］。

　　这个物种分布区从1950年的27 784km²下降至1998
年的16km²，之后海南长臂猿活动区域并未扩大，一
直保持在16km²范围内（Fellowes et al.，2008），其分
布区小于100km²。符合IUCN受威胁物种红色名录极危
（CR）级别中的B1标准（分布范围小于100km²）。

　　定量分析结果显示，霸王岭自1980年建立自然保护区以来，海南长臂猿的数量从最低的13只（Zhou et al.，2005）恢复到2020年的33只（凌广志和陈子薇，2020），其种群数量符合IUCN受威胁物种红色名录极危（CR）级别中D1标准（成熟个体数小于50）。

因此，海南长臂猿被评估为极危（CR）级别。

海南长臂猿是我国特有种，因此IUCN的物种评估结果也是我国物种评估结果，为极危（CR）级别。

国家保护级别评估结果

国家一级重点保护野生动物

CITES附录（2019）

附录Ⅰ

分布范围

海南长臂猿仅分布于我国海南霸王岭国家级自然保护区。

种群数量

1978年海南长臂猿的种群数量为450～500只，分布于海南白沙、黎母山、乐东、五指山、尖峰岭、吊罗山等地。1983年的调查结果显示，海南长臂猿仅在海南霸王岭国家级自然保护区、鹦哥岭主峰的西南坡及黎母山主峰的西南坡等地带分布，数量仅有30～40只（刘振河等，1984）。1997年海南长臂猿调查结果显示，仅在海南霸王岭国家级自然保护区内听到海南长臂猿的叫声，根据数量调查，当时保护区有海南长臂猿18只或19只（宋晓军等，1999）。2003年，海南长臂猿的数量为13只，降至历史最低，仅分布于霸王岭16km²的范围内（Zhou et al.，2005）。2008年，海南长臂猿有2个"家庭"单元和5只独猿，共20只，其最小家域面积为5.48km²，最大家域面积为9.87km²（Fellowes et al.，2008）。2017年，海南长臂猿的种群数量增长到3群，共23只（Deng et al.，2017）。2020年，海南长臂猿的数量增加到5群，共33只，海南长臂猿保护初见成效，但这一数量仍远低于生态学上种群能够持续生存的最小种群数，种群复壮依然艰巨（凌广志和陈子薇，2020）。当前我国已成立海南热带雨林国家公园，对海南长臂猿栖息地的保护力度将不断加大。海南长臂猿野生种群现有5个"家庭"单元，其中具有生育能力的成年雌性为8只，且根据以往的繁殖记录，幼猿的生存状况良好，预计在未来的15年内种群数量可增加至60～70只。

栖息地现状

海南长臂猿现仅分布于海南霸王岭国家级自然保护区，保护区总面积29 980hm²。该地区属于热带季风

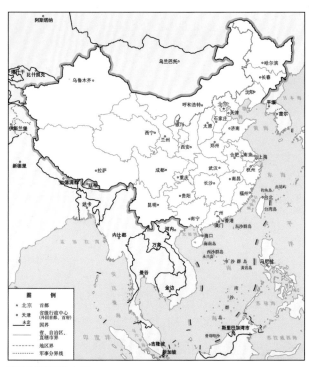

海南长臂猿分布图

气候，干湿季节较明显，海拔在100～1438.7m，分布最广的植被类型是热带山地常绿阔叶林。海南长臂猿主要栖息于热带山地常绿阔叶林，其中低于海拔700m的栖息地已破碎化，现今海南长臂猿主要栖息于海拔700～1280m，适宜栖息地面积仅为16km²。

生存影响因素

栖息地破碎化　20世纪80年代当地居民大规模砍伐天然林发展农业，导致海南长臂猿栖息的热带原始森林退化和破碎化，使其种群数量急剧下降（彭红元等，2008）。目前制约海南长臂猿种群恢复的主要因素依然是栖息地破碎化。

近亲繁殖　海南长臂猿将来面临的主要威胁是近亲繁殖导致的遗传多样性的进一步丧失。

管理对策

◆ 加强海南霸王岭国家级自然保护区保护体系的建设，尽可能地扩大700m以下低海拔地区适宜栖息地的面积，在各破碎化适宜栖息地斑块之间建立海南长臂猿的生态廊道。

◆ 利用各种先进技术手段对海南长臂猿种群进行实时动态监测。

◆ 评估国家公园范围内海南长臂猿的潜在分布地，为海南长臂猿的栖息地保护与扩大提供科学支撑。

长臂猿科 Hylobatidae
冠长臂猿属 Nomascus

北白颊长臂猿 *Nomascus leucogenys* (Ogilby, 1840)

英文名： Northern White-cheeked Gibbon

模式产地： 老挝（"Muang Khi"）

鉴别特征： 体长约50cm，体重6～8kg。成年雄性全身被毛黑色，仅面颊部有白毛，白毛从下巴一直延伸到超过耳朵的高度；冠毛发达；耳朵不外漏。成年雌性被毛黄色，仅头顶保留一个黑色冠斑，不明显突出；面周有白毛，一般不连续形成面环。新生婴猿基本无毛，随后逐渐长出黄色的毛，6月龄个体毛开始变黑，颊毛变白。雄性成年后被毛保持黑色，雌性性成熟后被毛逐渐变成黄色。

IUCN发布的物种评估结果

IUCN受威胁物种红色名录类别及标准：极危Critically Endangered A4cd

评估日期：2015年12月20日

过去IUCN评估结果

2008-极危（CR）

2000-濒危（EN）

本次物种评估结果

IUCN受威胁物种红色名录类别及标准：极危 Critically Endangered A4cd

中国受威胁物种红色名录类别及标准：野外灭绝 Extinct in the Wild

评估日期：2022年8月30日

评估理由

北白颊长臂猿仅分布于中国（云南南部一小区域）、老挝北部和越南西北部，分布范围狭窄，种群数量稀少。根据IUCN受威胁物种红色名录评估标准，北白颊长臂猿被评估为极危（CR）级别，符合A4cd标准。主要理由是：基于栖息地丧失、偷猎和宠物贸易的综合影响，在过去1个世代及未来2个世代，其分布区范围内的适宜栖息地猜测将减少60%甚至更多，结合种群减少趋势及不受控制的开发活动，其总体种群数量将减少80%。

对我国北白颊长臂猿种群与分布现状及受威胁因子的分析，本次评估认为我国北白颊长臂猿符合野外灭绝（EW）的标准。理由是：通过对北白颊长臂猿已知分布区及周边区适宜栖息地的系统调查，野外未发现北白颊长臂猿种群，亦未监听到其叫声，至少15年以上人类没有在野外听到过其叫声。

国家保护级别评估结果

国家一级重点保护野生动物

CITES附录（2019）

附录 I

北白颊长臂猿雄性个体　马晓锋／摄影

北白颊长臂猿雌性个体　马晓锋／摄影

分布范围

北白颊长臂猿分布于中国（云南南部一小区域）、老挝北部和越南西北部（Rawson et al., 2011；Groves, 2001；马世来和王应祥，1986）。

北白颊长臂猿在中国曾分布于澜沧江以东云南南部勐腊、江城、绿春的一些区域（马世来和王应祥，1986；李致祥和林正玉，1983；高耀亭等，1962）。有报道称20世纪50年代末，在勐腊县城甚至都可听到长臂猿的叫声，但在70年代已无这种情形（高耀亭等，1981）。杨德华等（1985）经过对云南省10个市（州）56个县（市、区）的调查发现，北白颊长臂猿仅见于勐腊，而在江城、绿春未发现。Hu等（1989）也仅报道在勐腊尚有北白颊长臂猿分布。2003~2004年，中国科学院昆明动物研究所研究人员在野生动植物保护国际（FFI）资助下开展了滇南、滇东南地区北白颊长臂猿种群数量和分布调查，在江城和绿春也未发现北白颊长臂猿。2008年末，中国科学院昆明动物研究所研究人员对勐腊可能有北白颊长臂猿分布的区域进行实地和访问调查，仅访问调查得到3个可能存在隔离小种群的信息（Fan and Huo，2009）。范朋飞等于2011年再次对勐腊3个疑似北白颊长臂猿的分布点进行了调查，认为北白颊长臂猿在中国已灭绝或至少生态灭绝（Fan et al., 2014）。为更全面地掌握西双版纳地区北白颊长臂猿现状，中国科学院昆明动物研究所协同西双版纳国家级自然保护区于2017年根据卫星影像图（植被图）和北白颊长臂猿种群分布的相关文献资料，选取258个村寨作为访问调查地点，在每个监测点进行连续3天的监听，均未能听到北白颊长臂猿的叫声，也未获取到北白颊长臂猿分布的有效信息。

种群数量

据资料统计，20世纪60年代在中国分布的北白颊长臂猿约有1000只（Tan，1985），在80年代北白颊长臂猿种群数量快速下降到100只左右（马世来和王应祥，1988；Fooden et al., 1987）。杨德华等基于1985年的调查，估计我国有北白颊长臂猿99~122只（Yang et al., 1987）。到20世纪80年代末，扈宇等调查发现，北白颊长臂猿数量已经不到40只，且残存于7个不同地区，每个地区仅有1~2群（Hu et al., 1989）。根据2008年12月的访问调查，Fan和Huo（2009）估计北白颊长臂猿不及10只，且仅生活在西双版纳国家级自然保护区。基于2011年的进一步调查，Fan等（2014）报道北白颊长臂猿在中国已灭绝或至少是生态灭绝。2017

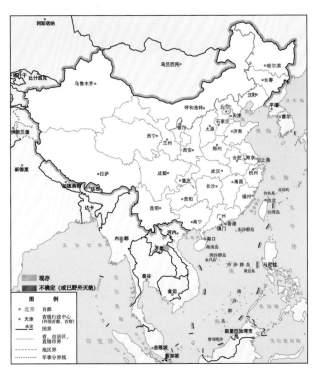

北白颊长臂猿分布图

年，由中国科学院昆明动物研究所和西双版纳国家级自然保护区联合开展的调查仍显示，在北白颊长臂猿相关分布区未能监听到其叫声，也未能获取更多有效信息。

栖息地现状

北白颊长臂猿栖息于热带原始常绿阔叶林和半常绿阔叶林中。分布于勐腊的北白颊长臂猿栖息于西双版纳国家级自然保护区，栖息地保存完好。然而在江城，20世纪60年代，随着橡胶种植和畜牧业发展，当地原始林多被橡胶林所替代或成为荒山。作为北白颊长臂猿分布地之一的绿春，2003年的考察发现，原被认为是北白颊长臂猿栖息地的森林已变为草地（Ni and Jiang，2009）；2008年12月对黄连山国家级自然保护区内的三猛乡和骑马坝乡辖区进行调查时未发现任何北白颊长臂猿的痕迹；2016年11月对骑马坝乡、小黑江周围等海拔较低区域林区进行调查时仅发现有残存于沟谷的片段化的适合北白颊长臂猿生活的栖息地。

生存影响因素

盗猎偷猎 当地居民有猎杀北白颊长臂猿的习惯，这导致20世纪80年代中期北白颊长臂猿种群数量下降到100只左右。

栖息地破坏 随着橡胶种植业和畜牧业发展，很多原始林被橡胶林所替代。对于典型树栖的北白颊长臂猿而言，原始林的消失即意味着北白颊长臂猿种群的消亡，尽管后来森林得以恢复，但是北白颊长臂猿却无任何种源可以用来种群恢复。

经济作物种植　云南有农民将草果种植在自然保护区内，影响了北白颊长臂猿栖息地的保护与恢复，林窗加大也影响了北白颊长臂猿的生存状态。

放牧　森林中散养牲畜在云南山区是很常见的一种放牧形式，这在北白颊长臂猿分布地也有发生，且放牧对北白颊长臂猿栖息地的影响很大。

管理对策

◆ 进行种群与分布的调查。建议对北白颊长臂猿原分布地的重点地区再次进行调查与核实，特别注意境外（老挝、越南）北白颊长臂猿现有分布地点及其距离，通过遥感分析或跨境联合调查评估境外栖息地与迁移的可能性，寻找可能存在但还未被发现的种群。

◆ 建立可野化、放归的北白颊长臂猿核心繁育种群。北白颊长臂猿野生种群目前在我国可能已灭绝，但国内多个城市动物园和野生动物园圈养着一定数量的种群，可在此基础上，建立核心繁育种群，待有一定数量后进行野化与放归。

◆ 在边境北白颊长臂猿潜在栖息地区域建立自然保护区，招引边境比邻的北白颊长臂猿种群到保护区生存和繁衍。

北白颊长臂猿成年雌性个体（左）和成年雄性个体（右）　马晓锋／摄影

長臂猿科 Hylobatidae

冠长臂猿属 *Nomascus*

东黑冠长臂猿 *Nomascus nasutus* (Kunkel d'Herculais, 1884)

英文名： Eastern Black Crested Gibbon

模式产地： 越南下龙湾

鉴别特征： 体型与海南长臂猿相当。新生婴猿被毛为黑色，雄性成年个体终生被毛黑色，胸部有褐斑，头顶冠毛不发达。雌性成年个体被毛黄色，头顶的黑色冠斑一直延伸超过肩部到达背部中央，面部浓密的白毛形成一个明显的白色面环，仅在额头处被黑色冠毛隔开。随着年龄增长，老年雌性的毛色会再次逐渐变黑。

IUCN发布的物种评估结果

　　IUCN受威胁物种红色名录类别及标准：极危Critically Endangered A2cd; C1; 2a(i,ii); D

　　评估日期：2015年12月20日

过去IUCN评估结果

　　2008-极危（CR）

　　2003-极危（CR）

本次物种评估结果

　　IUCN受威胁物种红色名录类别及标准：极危Critically

Endangered B1; C2a(ii)

　　中国受威胁物种红色名录类别及标准：极危Critically Endangered B1; D1

　　评估日期：2022年8月30日

评估理由

　　全球东黑冠长臂猿评估为极危（CR）级别，符合B1; C2a(ii)标准。理由是：分布范围小于100km^2（B1）；种群的成熟个体数少于250，且至少90%的成熟个体存在于一个亚种群中〔C2a(ii)〕。

东黑冠长臂猿成年雄性个体　赵超／摄影

东黑冠长臂猿雌性个体　赵超／摄影

东黑冠长臂猿分布图

中国分布的东黑冠长臂猿评估为极危（CR）级别，符合B1；D1标准。理由是：分布范围小于100km²（B1）；种群成熟个体数少于50（D1）。

国家保护级别评估结果

国家一级重点保护野生动物

CITES附录（2019）

附录 I

分布范围

历史上，东黑冠长臂猿曾广泛分布于中国南部和越南北部，但由于偷猎和栖息地丧失（Tien，1983），其种群数量急剧下降。20世纪60年代，东黑冠长臂猿被认为在野外灭绝（Geissmann et al.，2003；Tan，1985），直到2002年时才在越南北部发现一个残存的种群（Geissmann et al.，2003）。2006年在中国广西的靖西也发现了这一物种（Chan et al.，2008）。目前，全球仅剩下1个东黑冠长臂猿种群，分布在中国广西靖西与越南高平交界的一小片喀斯特森林中。

种群数量

2007年第一次中越跨境东黑冠长臂猿种群数量调查显示，全球东黑冠长臂猿的种群数量为17或18群，共102～110只。2016年又一次中越跨境东黑冠长臂猿种群数量调查显示，全球东黑冠长臂猿的种群数量为20～22群，共107～136只。东黑冠长臂猿的种群数量在缓慢回升，但种群依然很小。目前，中国境内分布5群，共33只东黑冠长臂猿（其中3群跨国界活动）（Ma et al.，2020）。2007～2020年，中国境内新增加两个新的群体（韦绍干等，2017）。东黑冠长臂猿主要形成"一夫二妻"的社会单元，单元大小通常为4～9只（Fan et al.，2010）。因此推断，全球东黑冠长臂猿成年个体的数量至少为60只，即使加上流浪的成年个体，数量也少于100只。中国境内成年个体的数量为15～20只（少于50只）。

栖息地现状

东黑冠长臂猿栖息地的主要森林类型为岩溶山地

季雨林。目前，东黑冠长臂猿栖息地面积约为30km²，中国境内栖息地面积约为10km²。该区域成立保护区之前，选择性伐木、烧炭、采集薪柴、种地、放牧等因素导致东黑冠长臂猿栖息地严重退化（Fan *et al.*，2011）。东黑冠长臂猿栖息地中乔木树冠平均高度只有10.15m（Fan *et al.*， 2013b）。

生存影响因素

适宜栖息地面积小　在成立保护区之前，人为砍伐与耕种造成东黑冠长臂猿栖息地严重退化，适宜栖息地面积大大减少。东黑冠长臂猿潜在栖息地的评估结果显示，目前中越两个自然保护区内质量比较好的森林能够容纳大约26群东黑冠长臂猿；跨境种群调查的结果显示，目前东黑冠长臂猿种群数量为20～22群；利用旋涡模型对种群生存力进行分析发现，以当前的繁殖率，东黑冠长臂猿将在15年后达到当前分布区的环境容纳量

（Fan *et al.*，2013a）。

栖息地破碎化　东黑冠长臂猿生活在生境破碎化较为严重的森林中，通过一条很窄的廊道（600m）与其他森林斑块相连。造成栖息地破碎化的主要因素是村庄、农田、道路等人为活动干扰。此外，边防公路、巡逻道路和机耕道路的修筑也是导致东黑冠长臂猿栖息地片段化的重要因素。

小种群效应　目前，自然保护区仅分布着5群东黑冠长臂猿，数量仅有33只，这些小种群更容易受到随机性因素的威胁而导致灭绝。

管理对策

◆ 加强自然保护区能力建设，提高保护管理水平。

◆ 加强栖息地恢复，扩大种群适宜生活的栖息地面积。

◆ 开展迁地保护，扩大种群数量，恢复野外种群。

东黑冠长臂猿成年雄性个体　赵超／摄影

东黑冠长臂猿成年雌性个体和幼年个体　赵超／摄影

四、中国灵长类动物评估结果

（一）IUCN 受威胁物种红色名录评估结果

极危灵长类8种，包括倭蜂猴、黔金丝猴、缅甸金丝猴、白头叶猴、西黑冠长臂猿、海南长臂猿、北白颊长臂猿、东黑冠长臂猿。

濒危灵长类10种，包括蜂猴、白颊猕猴、藏南猕猴、滇金丝猴、印支灰叶猴、中缅灰叶猴、肖氏乌叶猴、西白眉长臂猿、高黎贡白眉长臂猿、白掌长臂猿。

易危灵长类5种，包括红面猴、北豚尾猴、川金丝猴、黑叶猴、戴帽叶猴。

近危灵长类2种，包括熊猴、藏酋猴。

无危灵长类3种，包括台湾猕猴、猕猴、喜山长尾叶猴。

（二）中国受威胁物种红色名录评估结果

野外灭绝灵长类2种，包括白掌长臂猿、北白颊长臂猿。

极危灵长类11种，包括倭蜂猴、黔金丝猴、缅甸金丝猴、白头叶猴、戴帽叶猴、肖氏乌叶猴、西白眉长臂猿、高黎贡白眉长臂猿、西黑冠长臂猿、海南长臂猿、东黑冠长臂猿。

濒危灵长类7种，包括蜂猴、北豚尾猴、白颊猕猴、藏南猕猴、滇金丝猴、喜山长尾叶猴、中缅灰叶猴。

易危灵长类4种，包括红面猴、川金丝猴、黑叶猴、印支灰叶猴。

近危灵长类2种，包括熊猴、藏酋猴。

无危灵长类2种，包括猕猴、台湾猕猴。

（三）中国国家重点保护野生动物保护级别评估结果

国家一级重点保护野生灵长类动物23种，包括蜂猴、倭蜂猴、北豚尾猴、白颊猕猴、藏南猕猴、川金丝猴、黔金丝猴、滇金丝猴、缅甸金丝猴、喜山长尾叶猴、黑叶猴、白头叶猴、印支灰叶猴、中缅灰叶猴、戴帽叶猴、肖氏乌叶猴、西白眉长臂猿、高黎贡白眉长臂猿、白掌长臂猿、西黑冠长臂猿、海南长臂猿、北白颊长臂猿、东黑冠长臂猿。

国家二级重点保护野生灵长类5种，包括红面猴、熊猴、藏酋猴、猕猴、台湾猕猴。

（四）对于 IUCN 受威胁物种红色名录类别提出级别变化

在本次评估中，我们应用IUCN受威胁物种红色名录类别及标准来确定中国灵长类物种在全球视野下的濒危级别，在综合了中国和国外调查研究数据和IUCN官方网站数据的基础上，将倭蜂猴、川金丝猴、黑叶猴的IUCN受威胁物种红色名录濒危级别作出了调整（1个物种级别提升，2个物种级别下降）：

　　倭蜂猴从IUCN受威胁物种红色名录中的濒危（EN）调整为极危（CR）；

　　川金丝猴从IUCN受威胁物种红色名录中的濒危（EN）调整为易危（VU）；

　　黑叶猴从IUCN受威胁物种红色名录中的濒危（EN）调整为易危（VU）。

（五）对于中国受威胁物种红色名录类别提出级别变化

　　一些物种虽然国外有大量分布，但是在我国分布狭窄且数量稀少，因此需要总结中国受威胁物种红色名录。可能某些物种IUCN受威胁物种红色名录中的濒危级别与中国受威胁物种红色名录中的濒危级别不一致，如喜山长尾叶猴，IUCN受威胁物种红色名录中为无危（LC），但是这个物种在中国处于濒危（EN）级别。在本次评估中，我们应用IUCN受威胁物种红色名录濒危级别标准，在综合了28种灵长类物种在中国的分布和种群数量变化的基础上，总结了中国灵长类的调查研究数据，评估了中国灵长类受威胁物种濒危级别。经过评估，对其中的12个种提出如下变化。

　　北豚尾猴在中国的濒危级别从IUCN受威胁物种红色名录中的易危（VU）调整为濒危（EN）；

　　喜山长尾叶猴在中国的濒危级别从IUCN受威胁物种红色名录中的无危（LC）调整为濒危（EN）；

　　戴帽叶猴在中国的濒危级别从IUCN受威胁物种红色名录中的易危（VU）调整为极危（CR）；

　　肖氏乌叶猴在中国的濒危级别从IUCN受威胁物种红色名录中的濒危（EN）调整为极危（CR）；

　　西白眉长臂猿在中国的濒危级别从IUCN受威胁物种红色名录中的濒危（EN）调整为极危（CR）；

　　高黎贡白眉长臂猿在中国的濒危级别从IUCN受威胁物种红色名录中的濒危（EN）调整为极危（CR）；

　　白掌长臂猿在中国的濒危级别从IUCN受威胁物种红色名录中的濒危（EN）调整为野外灭绝（EW）；

　　北白颊长臂猿在中国的濒危级别从IUCN受威胁物种红色名录中的极危（CR）调整为野外灭绝（EW）；

　　印支灰叶猴在中国的濒危级别从IUCN受威胁物种红色名录中的濒危（EN）调整为易危（VU）；

　　本次评估对倭蜂猴、川金丝猴和黑叶猴在IUCN受威胁物种红色名录中的濒危级别做了变更，这3个物种的中国受威胁物种濒危级别也与本次IUCN受威胁物种红色名录评估结果一致。

（六）中国国家重点保护野生动物保护级别变动

　　在本次评估中，我们应用我国国家重点野生动物保护级别划分标准来确定中国灵长类物种的保护级别，在综合了物种的濒危状况、种群数量及分布区变化状况的基础上，将台湾猕猴从国家一级重点保护野生动物变更为国家二级重点保护野生动物；白颊猕猴和藏南猕猴从国家二级重点保护野生动物变更为国家一级重点保护野生动物。

中国灵长类动物濒危状况评估结果对比表

种名	中国特有种	IUCN受威胁物种红色名录	本次IUCN受威胁物种红色名录评估结果	本次中国受威胁物种红色名录评估结果	CITES附录（2019）	国家重点保护野生动物名录（2021）	本次提出的国家保护级别
蜂猴 Nycticebus bengalensis		EN	EN	EN	附录I	国家一级	国家一级
倭蜂猴 Nycticebus pygmaeus		EN	CR	CR	附录I	国家一级	国家一级
红面猴 Macaca arctoides		VU	VU	VU	附录II	国家二级	国家二级
台湾猕猴 Macaca cyclopis	√	LC	LC	LC	附录II	国家一级	国家二级
猕猴 Macaca mulatta		LC	LC	LC	附录II	国家二级	国家二级
北豚尾猴 Macaca leonina		VU	VU	EN	附录II	国家一级	国家一级
熊猴 Macaca assamensis		NT	NT	NT	附录II	国家二级	国家二级
白颊猕猴 Macaca leucogenys	√	EN	EN	EN	附录II	国家二级	国家一级
藏南猕猴 Macaca munzala		EN	EN	EN	附录II	国家二级	国家一级
藏酋猴 Macaca thibetana	√	NT	NT	NT	附录II	国家二级	国家二级
滇金丝猴 Rhinopithecus bieti	√	EN	EN	EN	附录I	国家一级	国家一级
黔金丝猴 Rhinopithecus brelichi	√	CR	CR	CR	附录I	国家一级	国家一级
川金丝猴 Rhinopithecus roxellana	√	EN	VU	VU	附录I	国家一级	国家一级
缅甸金丝猴 Rhinopithecus strykeri		CR	CR	CR	附录I	国家一级	国家一级
喜山长尾叶猴 Semnopithecus schistaceus		LC	LC	EN	附录I	国家一级	国家一级
黑叶猴 Trachypithecus francoisi		EN	VU	VU	附录II	国家一级	国家一级
白头叶猴 Trachypithecus leucocephalus	√	CR	CR	CR	附录II	国家一级	国家一级
印支灰叶猴 Trachypithecus crepusculus		EN	EN	VU	附录II	国家一级	国家一级
中缅灰叶猴 Trachypithecus melamera		EN	EN	EN	附录II	未评估	国家一级
戴帽叶猴 Trachypithecus pileatus		VU	VU	CR	附录I	国家一级	国家一级
肖氏乌叶猴 Trachypithecus shortridgei		EN	EN	CR	附录I	国家一级	国家一级
西白眉长臂猿 Hoolock hoolock		EN	EN	CR	附录I	国家一级	国家一级
高黎贡白眉长臂猿 Hoolock tianxing		EN	EN	CR	附录I	国家一级	国家一级
白掌长臂猿 Hylobates lar		EN	EN	EW	附录I	国家一级	国家一级
西黑冠长臂猿 Nomascus concolor		CR	CR	CR	附录I	国家一级	国家一级
海南长臂猿 Nomascus hainanus	√	CR	CR	CR	附录I	国家一级	国家一级
北白颊长臂猿 Nomascus leucogenys		CR	CR	EW	附录I	国家一级	国家一级
东黑冠长臂猿 Nomascus nasutus		CR	CR	CR	附录I	国家一级	国家一级

五、中国灵长类动物保护管理建议

中国灵长类动物的生存面临严峻的挑战，在种群保护、栖息地恢复和避免人类活动影响方面形势依然严峻，因此提出如下保护管理建议，以推动灵长类保护事业不断发展，实现人与自然和谐共生的美好明天。

（一）开展灵长类动物的专项调查

本次评估发现很多灵长类动物，如蜂猴、倭蜂猴、红面猴、熊猴、白颊猕猴、藏南猕猴、印支灰叶猴、肖氏乌叶猴及部分长臂猿物种缺乏野外专项调查，物种的种群数量与分布不清，没有比较准确的种群数量与分布的数据，还做不到精准保护及制定科学的管理措施。因此，急需开展灵长类动物专项调查，建立全国灵长类动物动态监测网络，科学掌握灵长类动物的种群数量与分布变化情况，为有效保护与管理提供科技支撑。

（二）加强栖息地保护与恢复建设

加强破碎化栖息地的修复，恢复破坏的栖息地，实现隔离"岛屿"栖息地间廊道建设，为灵长类提供充足的活动空间，保证灵长类动物迁移的生境廊道和栖息地的完整性。由于一些濒危灵长类动物分布在保护区外，因此，我国还需加强保护地规划，将濒危物种更多地纳入保护区范围，并采取有效的保护措施予以保护。此外，边境地区的一些保护区还存在较为严重的偷猎、盗伐活动，应重点治理。

（三）加强跨境保护促进区域合作

灵长类动物的保护需要多国合作，应建立国际合作机制，打击边境非法贸易。继续推动动物跨境廊道建设，进一步加强珍稀、濒危和特有灵长类动物的跨境保护。建立稳固的交流协作机制，继续强化灵长类动物跨境保护、管理和打击犯罪等方面的技术交流与协作。对跨境迁徙、活动的灵长类动物积极开展联合保护和合作研究，建立科学调查研究数据共享平台。

（四）加强灵长类基础生物学研究

物种的保护离不开对物种及其生存环境的充分研究和保护技术的研发。到目前为止，大部分中国灵长类动物的濒危机制、致危因素、濒危过程不清，多数灵长类动物还没有较为翔实的种群数量与分布调查数据，缺乏较为系统的调查、监测与研究，保护生物学研究工作比较肤浅。因此，还需要对灵长类物种的行为生态、种群生态、繁殖生态、社会行为、保护遗传等多个方面开展深入研究，为中国灵长类动物保护提供科学依据。

（五）开展生态旅游的科学评价

中国灵长类生态旅游资源十分丰富，但是如何开展生态旅游在我国仍处于探索期，缺乏指导性的科学规范。目前的生态旅游市场良莠不齐，存在设计不合理、规划不科学、管理混乱等现象，严重影响生态旅游业形象，危及灵长类的生存繁衍。因此，迫切需要建立科学的生态旅游评价体系，积极引导生态旅游更好地发展。

（六）加强野生动物保护宣传教育

野生动物保护需要社会各界的广泛参与。要积极利用传统媒介，以及微博、微信公众号等新媒体，向社会大力传播保护理念和知识，不断提升公众爱护野生动物、抵制非法交易、坚决摒弃陋习的自觉性。充分发挥志愿者、公益组织和民间团体的优势，创新宣传方式，扩大宣传范围，让宣传活动走向社会、进入校园、深入基层，形成全社会共同保护野生动物的新格局。

主要参考文献

白寿昌, 邹淑荃, 林苏, 等. 1987. 白马雪山自然保护区滇金丝猴数量分布及种群结构的初步观察. 动物学研究, 8(4): 413-419.

常弘, 庄平弟, 朱世杰, 等. 2002. 广东内伶仃岛猕猴种群年龄结构及发展趋势. 生态学报, 22(7): 1057-1060.

常勇斌, 贾陈喜, 宋刚, 等. 2018. 西藏错那县发现藏南猕猴. 动物学杂志, 53(2): 243-248.

陈服官. 1989. 金丝猴研究进展. 西安: 西北大学出版社.

陈敏杰, 毕超贤, 余梁哥, 等. 2014. 倭蜂猴生物学特性、生存现状及保护对策. 生物学通报, 49(10): 7-10, 64.

陈奕欣, 肖治术, 李明, 等. 2016. 利用红外相机对高黎贡山中段西坡兽类和鸟类多样性初步调查. 兽类学报, 36(3): 302-312.

程峰. 2017. 中国西黑冠长臂猿 (*Nomascus concolor*) 生境破碎化研究. 合肥: 安徽大学硕士学位论文.

邓怀庆, 周江. 2015. 海南长臂猿研究现状. 四川动物, 34(4): 635-640.

丁伟, 杨士剑, 刘泽华. 2003. 生境破碎化对黑白仰鼻猴种群数量的影响. 人类学学报, 22(4): 338-344.

范孟雯, 张仕纬, 徐玮婷, 等. 2021. 以台湾同胞科学调查台湾猕猴之分布与监测其族群趋势: 开创的五年 (2015—2019年). 台湾生物多样性研究, 23(1): 63-82.

范朋飞, 蒋学龙. 2007. 无量山大寨子黑长臂猿 (*Nomascus concolor jingdongensis*) 种群生存力. 生态学报, 27(2): 620-626.

高耀亭, 陆长坤, 张洁, 等. 1962. 云南西双版纳兽类调查报告. 动物学报, 14(2): 180-196.

高耀亭, 文焕然, 何业恒. 1981. 历史时期我国长臂猿分布的变迁. 动物学研究, 2(1): 1-8.

管振华. 2013. 西黑冠长臂猿 (*Nomascus concolor*) 行为生态及社会行为研究. 北京: 中国科学院大学博士学位论文.

郭艳清, 周俊, 宋先华, 等. 2017. 贵州省梵净山自然保护区黔金丝猴的种群数量. 兽类学报, 37(1): 104-108.

国家林业局. 2009. 中国重点陆生野生动物资源调查. 北京: 中国林业出版社.

胡刚. 2011. 中国黑叶猴资源分布与保护现状.//四川省动物学会. 四川省动物学会第九次会员代表大会暨第十届学术研讨会论文集, 98-100.

胡刚, 董鑫, 罗洪章, 等. 2011. 过去二十年贵州黑叶猴分布与种群动态及致危因子分析. 兽类学报, 31(3): 306-311.

胡慧建, 金崑, 田园. 2016. 珠穆朗玛峰国家级自然保护区陆生野生动物. 广州: 广东科技出版社.

胡锦矗. 1998. 川金丝猴.//汪松. 中国濒危动物红皮书: 兽类. 北京: 科学出版社: 65-68.

胡一鸣, 姚志军, 黄志文, 等. 2014. 西藏珠穆朗玛峰国家级自然保护区哺乳动物区系及其垂直变化. 兽类学报, 34(1): 28-37.

黄蓓. 2011. 滇中无量山大寨子西黑冠长臂猿 (*Nomascus concolor*) 生态行为及其对栖息地环境的适应. 北京: 中国科学院大学博士学位论文.

黄乘明. 2002. 中国白头叶猴. 桂林: 广西师范大学出版社.

黄中豪, 唐华兴, 刘晟源, 等. 2016. 喀斯特石山生境中熊猴的雨季食物组成. 生态学报, 36(8): 2304-2310.

江海声, 练健生, 冯敏, 等. 1998. 海南南湾猕猴种群增长的研究. 兽类学报, 18(2): 100-106.

蒋学龙, 马世来, 王应祥, 等. 1994. 黑长臂猿的群体大小及组成. 动物学研究, 15(2): 15-22.

蒋学龙, 王应祥. 2004. 兽类.//喻庆国, 曹善寿, 钱德仁, 等. 无量山国家级自然保护区. 昆明: 云南科学出版社.

172-203.

蒋学龙, 王应祥, 马世来. 1993. 中国熊猴的分类整理. 动物学研究, 14(2): 110-117.

蒋志刚. 2020. 中国生物多样性红色名录. 脊椎动物. 第一卷, 哺乳动物. 北京: 科学出版社.

蒋志刚, 江建平, 王跃招, 等. 2016. 中国脊椎动物红色名录. 生物多样性, 24(5): 501-551, 615.

匡中帆, 吴忠荣, 韩联宪, 等. 2012. 黔灵山公园野放猕猴伤人事件分析. 野生动物, 33(5): 267-270.

蓝道英, 马世来, 韩联宪. 1995. 滇西白眉长臂猿 (Hylobates hoolock) 分布、数量和保护.//张洁. 中国兽类生物学研究. 北京: 中国林业出版社: 11-19.

雷雨, 青菁, 何可. 2018. 龙溪-虹口国家级自然保护区川金丝猴栖息地现状及震后影响. 西华师范大学学报 (自然科学版), 39(1): 22-28.

黎大勇. 2015. 唐家河国家级自然保护区藏酋猴 (Macaca thibetana) 的生境选择. 四川林业科技, 36(4): 28-32.

李保国, 张鹏, 渡边邦夫, 等. 2002. 川金丝猴的相互理毛行为是否具有卫生功能. 动物学报, 48(6): 707-715.

李光松, 陈奕欣, 孙文莫, 等. 2014. 中国怒江片马地区怒江金丝猴种群动态及社会组织初探. 兽类学报, 34(4): 323-328.

李国松, 杨显明, 张宏雨, 等. 2011. 云南新平哀牢山西黑冠长臂猿分布与群体数量. 动物学研究, 32(6): 675-683.

李进华. 1999. 野生短尾猴的社会. 合肥: 安徽大学出版社.

李明晶. 1995. 贵州黑叶猴生态研究.//夏武平, 张荣祖. 灵长类研究与保护. 北京: 中国林业出版社: 226-231.

李生强, 汪国海, 施泽攀, 等. 2017. 广西藏酋猴种群数量、分布及威胁因素的分析. 广西师范大学学报 (自然科学版), 35(2): 126-132.

李文华, 宋晴川, 黄蓉, 等. 2019. 广西恩城保护区黑叶猴种群数量和保护现状. 兽类学报, 39(6): 623-629.

李学友, 胡文强, 普昌哲, 等. 2020. 西南纵向岭谷区兽类及雉类红外相机监测平台: 方案、进展与前景. 生物多样性, 28(9): 1090-1096.

李迎春. 2015. 云南独龙江戴帽叶猴 (Trachypithecus shortrigei) 社会组织、食性、活动时间分配和生境利用. 昆明: 西南林业大学硕士学位论文.

李致祥, 林正玉. 1983. 云南灵长类的分类和分布. 动物学研究, 4(2): 111-120.

李致祥, 马世来, 华承惠, 等. 1981. 滇金丝猴 (Rhinopithecus bieti) 的分布和习性. 动物学研究, 2(1): 9-16.

凌广志, 陈子薇. 2020-11-09(45). 从10只到33只: 海南长臂猿的艰难拯救. 瞭望. http://lw.xinhuanet.com/2020-11/09/c_139502202.htm [2023-06-30].

刘广超. 2007. 川金丝猴栖息地质量评价和保护对策研究. 北京: 北京林业大学博士学位论文.

刘万福, 韦振逸. 1996. 广西灵长类资源与保护.//中国动物学会. 中国动物学会第二届灵长类学术会议论文集: 123-132.

刘振河, 覃朝锋. 1990. 海南长臂猿栖息地结构分析. 兽类学报, 10(3): 163-169.

刘振河, 余斯绵, 袁喜才. 1984. 海南长臂猿的资源现状. 野生动物, 6(6): 1-4.

刘筝, 刘晟源, 李友邦, 等. 2022. 广西西南部石山森林中熊猴的姿势行为. 兽类学报, 42(1): 12-23.

龙勇诚, 柯瑞戈, 钟泰, 等. 1996. 滇金丝猴 (Rhinopithecus bieti) 现状及其保护对策研究. 生物多样性, 4(3): 145-152.

路纪琪. 2020. 太行山猕猴的社会. 郑州: 河南科学技术出版社.

路纪琪, 田军东. 2018. 太行山猕猴王屋-1群的种群动态. 河南师范大学学报 (自然科学版), 46(2): 73-78, 2.

路纪琪, 田军东, 张鹏. 2018. 中国猕猴生态学研究进展. 兽类学报, 38(1): 74-84.

吕九全. 2007. 秦岭金丝猴 *Rhinopithecus roxellana* 的社群结构及其日活动规律: 兼论全雄单元的形成. 西安: 西北大学博士学位论文.

罗蓉, 辜永河. 1985. 贵州省的贵珍兽类. 野生动物, (3): 37-39.

罗文寿, 赵仕远, 罗志强, 等. 2007. 云南哀牢山国家级自然保护区景东辖区黑长臂猿种群数量和分布. 四川动物, 26(3): 600-603.

罗忠华. 2011. 云南无量山国家级自然保护区西部黑冠长臂猿景东亚种的群体数量与分布调查. 四川动物, 30(2): 283-287.

马世来. 1993. 云南黑长臂猿研究的新进展. 中国灵长类研究通讯, 2(2): 3.

马世来, 陈上华, 陈益华, 等. 2004. 兽类.//曹善寿. 糯扎渡自然保护区. 昆明: 云南科技出版社: 255-276.

马世来, 王应祥. 1986. 中国南部长臂猿的分类与分布——附三个新亚种的描记. 动物学研究, 7(4): 393-408.

马世来, 王应祥. 1988. 中国现代灵长类的分布、现状和保护. 兽类学报, 8(4): 250-260.

马世来, 王应祥, 蒋学龙. 1994. 西南地区长臂猿的资源现状与保护.//宋大祥. 西南武陵山地区动物资源和评价. 北京: 科学出版社: 318-327.

倪庆永, 马世来. 2006. 滇南、滇东南黑冠长臂猿分布与数量. 动物学研究, 27(1): 34-40.

牛克锋. 2014. 梵净山黔金丝猴. 铜仁学院学报, 16(4): 185.

潘清华, 王应祥, 岩崑. 2007. 中国哺乳动物彩色图鉴. 北京: 中国林业出版社.

彭红元, 张剑锋, 江海声, 等. 2008. 海南岛海南长臂猿分布的变迁及成因. 四川动物, 27(4): 671-675.

全国强, 林永烈, 梁孟元. 1994. 西南地区懒猴科及猴科灵长类资源.//宋大祥. 西南武陵山地区动物资源和评价. 北京: 科学出版社: 304-317.

全国强, 汪松, 张荣祖. 1981a. 我国灵长类动物的分类与分布. 野生动物, (3): 7-14.

全国强, 汪松, 张荣祖. 1981b. 我国灵长类的现状与保护. 兽类学报, 1(1): 99-104.

全国强, 谢家骅. 1981. 关于金丝猴贵州亚种 *Rhinopithecus roxellanae brelichi* Thomas的资料. 兽类学报, 1(2): 113-116, 229-230.

全国强, 谢家骅. 2002. 金丝猴研究. 上海: 上海科技教育出版社.

宋晓军, 江海声, 张剑锋, 等. 1999. 海南黑长臂猿数量调查.//中国动物学会. 中国动物科学研究——中国动物学会第十四届会员代表大会及中国动物学会65周年年会论文集: 696-701. DOI: ConferenceArticle/5aa6f9c7c095d72220f681b6.

孙军, 代陆娇, 王浩瀚, 等. 2021. 可持续发展视角下的林下种植评价——以独龙江草果种植为例. 大理大学学报, 6(6): 55-59.

铁军. 2009. 神农架川金丝猴 (*Rhinopithecus roxellana*) 栖息地植物构成和食源植物评价研究. 北京: 北京林业大学博士学位论文.

汪松. 1998. 中国濒危动物红皮书: 兽类. 北京: 科学出版社.

汪松, 解焱. 2004. 中国物种红色名录. 第一卷, 红色名录. 北京: 高等教育出版社.

王应祥, 蒋学龙. 1995. 中国灵长类研究的现状与未来.//夏武平, 张荣祖. 灵长类研究与保护. 北京: 中国林业出版社: 1-14.

王应祥, 蒋学龙, 冯庆. 1999. 中国叶猴类的分类、现状与保护. 动物学研究, 20(4): 306-315.

王应祥, 蒋学龙, 冯庆. 2000. 黑长臂猿的分布、现状与保护. 人类学学报, 19(2): 138-147.

王应祥, 马世来. 1988. 中国西南部的哺乳类及其自然保护.//第一届国际野生动物保护会议论文集. 香港: 天龙影业有限公司: 330-333.

王应祥, 杨宇明, 刘宁, 等. 2004. 哺乳动物.//杨宇明, 杜凡. 中国南滚河国家级自然保护区. 昆明: 云南科技出版社: 173-205.

韦绍干, 马长勇, 谭武靖, 等. 2017. 广西邦亮东黑冠长臂猿新群体的发现及种群数量现状. 兽类学报, 37(3): 233-240.

吴名川. 1983. 广西灵长类动物的种类分布及数量估计. 兽类学报, 3(1): 16.

吴名川, 韦振逸, 何农林. 1987. 黑叶猴在广西的分布及生态. 野生动物, 8(4): 12-13, 19.

向左甫, 霍晟, 马晓峰, 等. 2004. 黄连山自然保护区非人灵长类现状和生存威胁因素. 生态学杂志, 23(4): 168-171.

萧今. 2021. 滇金丝猴保护绿皮书: 滇金丝猴全境动态监测项目报告. 昆明: 云南人民出版社.

谢家骅, 刘玉明, 杨业勤. 1982. 黔金丝猴生态初步调查.//贵州梵净山科学考察集编辑委员会. 梵净山科学考察集, 215-221.

杨德华, 张家银, 李纯. 1985. 云南长臂猿数量分布考察报告. 医学生物学研究, (3): 22-27.

杨海龙, 李迪强, 成钢, 等. 2013. 贵州梵净山黔金丝猴生境适宜性评价. 安徽农业科学, 41(8): 3403-3406.

杨业勤, 雷孝平, 杨传东, 等. 2002. 梵净山研究: 黔金丝猴的野外生态. 贵阳: 贵州科技出版社.

杨宇明, 杜凡. 2004. 中国南滚河国家级自然保护区. 昆明: 云南科技出版社.

叶智彰, 等. 1993. 叶猴生物学. 昆明: 云南科技出版社.

叶智彰, 彭燕章, 张跃平, 等. 1987. 金丝猴解剖. 昆明: 云南科技出版社.

张强, 兰盛军, 胡大明, 等. 2008. 四川白水河国家级自然保护区野外藏酋猴活动初步调查. 四川动物, 27(1): 131-134.

张荣祖. 1997. 中国哺乳动物分布. 北京: 中国林业出版社.

张荣祖. 1999. 中国动物地理. 北京: 科学出版社.

张荣祖, 陈立伟, 瞿文元, 等. 2002. 中国灵长类生物地理与自然保护: 过去、现在与未来. 北京: 中国林业出版社.

张荣祖, 杨安峰, 张洁. 1958. 云南东南缘兽类动物地理学特征的初步考察. 地理学报, 24(2): 159-173.

张晓栋, 李延鹏, 房以好, 等. 2022. 龙陵小黑山自然保护区中缅乌叶猴海拔利用偏好研究. 西南林业大学学报 (自然科学), 42(5): 183-188.

赵启龙, 黄蓓, 郭光, 等. 2016. 云南临沧邦马山西黑冠长臂猿种群历史及现状. 四川动物, 35(1): 1-8.

赵文涵. 2021-04-24. 云南高黎贡山发现白颊猕猴新分布. 新华网, http://www.xinhuanet.com/local/2021-04-24/c_1127370346.htm [2023-06-12].

郑彬, 朱边勇. 2018-01-13. 云南德宏发现菲氏叶猴中国最大群体 数量约200只. 新华网, http://m.xinhuanet.

com/yn/2018-01/13/c_136893171.htm [2023-05-20].

郑学军. 1990. 菲氏叶猴 (*Presbytis phayrei shanicus*) 的生态学初步研究. 动物学研究, 2(1): 1.

中国科学院青藏高原综合科学考察队. 1986. 西藏哺乳类. 北京: 科学出版社.

周江, 陈辈乐, 魏辅文. 2008. 海南长臂猿的家族群相遇行为观察. 动物学研究, 29(6): 667-673.

周岐海, 黄乘明. 2021. 中国石山叶猴生态学研究进展. 兽类学报, 41(1): 59-70.

Blair M, Nadler T, Ni O, *et al.* 2021. *Nycticebus pygmaeus* (amended version of 2020 assessment). The IUCN Red List of Threatened Species 2021: e.T14941A198267330. https://dx.doi.org/10.2305/IUCN.UK.2021-2. RLTS.T14941A198267330.en [2023-09-22].

Bleisch W, Chen N. 1990. Conservation of the black-crested gibbon in China. Oryx, 24(3): 147-156.

Blyth E. 1843. Revision of previous report to the society. Journal of the Asiatic Society of Bengal, 12(Pt. 1): 166-176.

Blyth E. 1863. Catalogue of the mammalia in the Museum Asiatic Society. Calcutta: Savielle & Cranenburgh.

Bonhote J L. 1907. On a collection of mammals made by Dr. Vassal in Annam. Proceedings of the Zoological Society of London, 77(1): 3-11.

Boonratana R, Chalise M, Htun S, *et al.* 2020a. *Macaca assamensis*. The IUCN Red List of Threatened Species 2020: e.T12549A17950189. https://dx.doi.org/10.2305/IUCN.UK.2020-2.RLTS.T12549A17950189.en [2022-12-10].

Boonratana R, Chetry D, Long Y C, *et al.* 2020b. *Macaca leonina*. The IUCN Red List of Threatened Species 2020: e.T39792A186071807. https://dx.doi.org/10.2305/IUCN.UK.2020-2.RLTS.T39792A186071807.en [2022-12-10].

Boonratana R, Chetry D, Long Y C, *et al.* 2022. *Macaca leonina* (amended version of 2020 assessment). The IUCN Red List of Threatened Species 2022: e.T39792A217754289. https://dx.doi.org/10.2305/IUCN. UK.2022-1.RLTS.T39792A217754289.en [2022-12-10].

Brockelman W, Geissmann T. 2020. *Hylobates lar*. The IUCN Red List of Threatened Species 2020: e.T10548A17967253. https://dx.doi.org/10.2305/IUCN.UK.2020-2.RLTS.T10548A17967253.en [2022-12-10].

Brockelman W, Molur S, Geissmann T. 2019. *Hoolock hoolock*. The IUCN Red List of Threatened Species 2019: e.T39876A17968083. https://dx.doi.org/10.2305/IUCN.UK.2019-3.RLTS.T39876A17968083.en [2022-12-10].

Chan B P L, Tan X F, Tan W J. 2008. Rediscovery of the critically endangered eastern black crested gibbon *Nomascus nasutus* (Hylobatidae) in China, with preliminary notes on population size, ecology and conservation status. Asian Primates Journal, 1(1): 17-25.

Chen Y X, Xiang Z F, Wang X W, *et al.* 2015. Preliminary study of the newly discovered primate species *Rhinopithecus strykeri* at Pianma, Yunnan, China using infrared camera traps. International Journal of Primatology, 36(4): 679-690.

Chen Y X, Xiao Z S, Zhang L, *et al.* 2019. Activity rhythms of coexisting red serow and Chinese serow at Mt.

Gaoligong as identified by camera traps. Animals, 9(12): 1071.

Chen Y X, Yu Y, Li C, *et al.* 2022. Population and conservation status of a transboundary group of black snub-nosed monkeys (*Rhinopithecus strykeri*) between China and Myanmar. Zoological Research, 43(4): 523-527.

Chetry D, Boonratana R, Das J, *et al.* 2020. Macaca arctoides. The IUCN Red List of Threatened Species 2020: e.T12548A185202632. https://dx.doi.org/10.2305/IUCN.UK.2020-3.RLTS.T12548A185202632.en [2022-12-10].

Chetry D, Borthakur U, Das R K. 2015. A short note on a first distribution record of white-cheeked macaque *Macaca leucogenys* from India. Asian Primates Journal, 5(1): 45-47.

Choudhury A. 2003. The pig-tailed macaque *Macaca nemestrina* in India - status and conservation. Primate Conservation, 1(9): 91-98.

Choudhury A. 2008. Primates of Bhutan and observations of hybrid langurs. Primate Conservation, 23(1): 65-73.

Choudhury A. 2013. Description of a new subspecies of hoolock gibbon *Hoolock hoolock* from Northeast India. Newsletter and Journal of the Rhino Foundation for Nature in NE India, 9: 49-59.

Choudhury A. 2014. Distribution and current status of the capped langur *Trachypithecus pileatus* in India, and a review of geographic variation in its subspecies. Primate Conservation, 28(1): 143-157.

Cui L W, Huo S, Zhong T, *et al.* 2008. Social organization of black-and-white snub-nosed monkeys (*Rhinopithecus bieti*) at Deqin, China. American Journal of Primatology, 70(2): 169-174.

Cui L W, Li YC, Ma C, *et al.* 2016. Distribution and conservation status of Shortridge's capped langurs *Trachypithecus shortridgei* in China. Oryx, 50(4): 732-741.

Dang H H. 1998. Ecology, biology and conservation status of prosimian species in Vietnam. Folia Primatologica, 69(1): 101-108.

Das J, Biswas J, Bhattacharjee P C, *et al.* 2006. First distribution records of the eastern hoolock gibbon *Hoolock hoolock leuconedys* from India. Zoos' Print Journal, 21(7): 2316-2320.

Deng H Q, Cui H T, Zhao Q S, *et al.* 2019. Constrained François' Langur (*Trachypithecus francoisi*) in Yezhong Nature Reserve, Guizhou, China. Global Ecology and Conservation, 19: e00672.

Deng H Q, Zhang M X, Zhou J. 2017. Recovery of the critically endangered Hainan gibbon *Nomascus hainanus*. Oryx, 51(1): 161-165.

Duckworth J W. 1994. Field sightings of the Pygmy Loris, *Nycticebus pygmaeus*, in Laos. Folia Primatologica, 63(2): 99-101.

Elliot D G. 1909. XXX.–Descriptions of apparently new species and subspecies of monkeys of the genera *Callicebus, Lagothrix, Papio, Pithecus, Cercopithecus, Erythroccbus, and Presbytis*. Annals and Magazine of Natural History, 4(21): 244-274.

Eudey A A. 1987. Action Plan for Asian Primate Conservation: 1987-91. New York: IUCN Species Survival Commission (SCC), Primate Specialist Group.

Fan P F, Fei H L, Luo A D. 2014. Ecological extinction of the Critically Endangered northern white-cheeked gibbon *Nomascus leucogenys* in China. Oryx, 48(1): 52-55.

Fan P F, Fei H L, Xiang Z F, *et al.* 2010. Social structure and group dynamics of the Cao Vit gibbon (*Nomascus nasutus*) in Bangliang, Jingxi, China. Folia Primatologica, 81(5): 245-253.

Fan P F, Garber P, Ma C, *et al.* 2015. High dietary diversity supports large group size in Indo-Chinese gray langurs in Wuliangshan, Yunnan, China. American Journal of Primatology, 77(5): 479-491.

Fan P F, He K, Chen X, *et al.* 2017. Description of a new species of hoolock gibbon (Primates: Hylobatidae) based on integrative taxonomy. American Journal of Primatology, 79(5): e22631.

Fan P F, Huo S. 2009. The northern white-cheeked gibbon (*Nomascus leucogenys*) is on the edge of extinction in China. Gibbon Journal, 5: 44-52.

Fan P F, Liu Y, Zhang Z C, *et al.* 2017. Phylogenetic position of the white-cheeked macaque (*Macaca leucogenys*), a newly described primate from southeastern Tibet. Molecular Phylogenetics and Evolution, 107: 80-89.

Fan P F, Ma C. 2022. *Macaca leucogenys*. The IUCN Red List of Threatened Species 2022: e.T205889816 A205890248. https://dx.doi.org/10.2305/IUCN.UK.2022-1.RLTS.T205889816A205890248.en [2022-12-10].

Fan P F, Ren G P, Wang W, *et al.* 2013a. Habitat evaluation and population viability analysis of the last population of Cao Vit gibbon (*Nomascus nasutus*): Implications for conservation. Biological Conservation, 161: 39-47.

Fan P F, Scott M B, Fei H L, *et al.* 2013b. Locomotion behavior of Cao Vit gibbon (*Nomascus nasutus*) living in karst forest in Bangliang Nature Reserve, Guangxi, China. Integrative Zoology, 8(4): 356-364.

Fan P F, Turvey S T, Bryant J V. 2020. *Hoolock tianxing* (amended version of 2019 assessment). The IUCN Red List of Threatened Species, 2020: e.T118355648A166597159. https://dx.doi.org/10.2305/IUCN.UK.2020-1. RLTS.T118355648A166597159.en [2022-12-10].

Fan P F, Xiao W, Huo S, *et al.* 2011. Distribution and conservation status of the Vulnerable eastern hoolock gibbon *Hoolock leuconedys* in China. Oryx, 45(1): 129-134.

Fan P F, Zhang L, Yang L, *et al.* 2022. Population recovery of the critically endangered western black crested gibbon (*Nomascus concolor*) in Mt. Wuliang, Yunnan, China. Zoological Research, 43(2): 180-183.

Fang G, Li M, Liu X J, *et al.* 2018. Preliminary report on Sichuan golden snub-nosed monkeys (*Rhinopithecus roxellana roxellana*) at Laohegou Nature Reserve, Sichuan, China. Scientific Reports, 8: 16183.

Fang Y H, Li Y P, Ren G P, *et al.* 2020. The effective use of camera traps to document the northernmost distribution of the western black crested gibbon in China. Primates, 61(2): 151-158.

Fei H L, Scott M B, Zhang W, *et al.* 2012. Sleeping tree selection of Cao Vit gibbon (*Nomascus nasutus*) living in degraded karst forest in Bangliang, Jingxi, China. American Journal of Primatology, 74(11): 998-1005.

Fellowes JR, Chan BPL, Lok P, *et al.* 2008. Current status of the Hainan gibbon (*Nomascus hainanus*): progress of population monitoring and other priority actions. Asian Primates Journal, 1(1): 2-9.

Feroz M M. 2012. Niche separation between sympatric pig tailed macaque (*Macaca leonina*) and rhesus macaque (*M. mulatta*) in Bangladesh. Journal of Primatology, 1(3): 106.

Fitch-Snyder H, Thanh V N. 2002. A preliminary survey of lorises (*Nycticebus* spp.) in northern Vietnam. Asian Primates, 8(1-2): 1-3.

Fooden J. 1982. Ecogeographic segregation of macaque species. Primates, 23(4): 574-579.

Fooden J, Quan G Q, Luo Y N. 1987. Gibbon distribution in China. Acta Theriologica Sinica, 7(3): 161-167.

Geissmann T, La Quang Trung, Trinh Dinh Hoang, *et al.* 2003. Rarest ape rediscovered in Vietnam. Asian Primates, 8(3-4): 8-9.

Geissmann T, Lwin N, Aung S S, *et al.* 2011. A new species of snub-nosed monkey, genus *Rhinopithecus* Milne-Edwards, 1872 (Primates, Colobinae), from northern Kachin State, northeastern Myanmar. American Journal of Primatology, 73(1): 96-107.

Geissmann T, Momberg F, Whitten T. 2020. Rhinopithecus strykeri. The IUCN Red List of Threatened Species 2020: e.T13508501A17943490. https://dx.doi.org/10.2305/IUCN.UK.2020-2.RLTS.T13508501A17943490.en [2023-09-22].

Geoffroy I. 1831. Mammifères.// Belanger. Voyage aux Indes-Orientales. Vol. 3. Zoologie: 61.

Groom M J, Meffe G K, Carroll C R. 2006. Principles of Conservation Biology, 3rd Edition. Sunderland: Sinauer Associates.

Groves C P. 2001. Primate Taxonomy. Washington D.C.: Smithsonian Institution Press.

Groves C P, Roos C. 2013. *Trachypithecus* Barbei.// Mittermeier R A, Rylands A B, Wilson D E. Handbook of the Mammals of the World. Vol. 3. Primates. Barcelona: Lynx Edicions: 747.

Grueter C C, Jiang X L, Konrad R, *et al.* 2009. Are *Hylobates lar* extirpated from China? International Journal of Primatology, 30(4): 553-567.

Grueter C C, Li D Y, Ren B P, *et al.* 2017. Deciphering the social organization and structure of wild Yunnan snub-nosed monkeys (*Rhinopithecus bieti*). Folia Primatologica, 88(4): 358-383.

Guo S T, Ji W H, Li B G, *et al.* 2008. Response of a group of Sichuan snub-nosed monkeys to commercial logging in the Qinling Mountains, China. Conservation Biology, 22(4): 1055-1064.

Guo Y Q, Ren B P, Dai Q, *et al.* 2020. Habitat estimates reveal that there are fewer than 400 Guizhou snub-nosed monkeys, *Rhinopithecus brelichi*, remaining in the wild. Global Ecology and Conservation, 24: e01181.

Guo Y Q, Zhou J, Xie J H, *et al.* 2018. Altitudinal ranging of the Guizhou golden monkey (*Rhinopithecus brelichi*): Patterns of habitat selection and habitat use. Global Ecology and Conservation, 16: e00473.

Haimoff E H, Yang X J, He S J, *et al.* 1986. Census and survey of wild black-crested gibbons (*Hylobates concolor concolor*) in Yunnan Province, People's Republic of China. Folia Primatologica, 46(4): 205-214.

Harlan R. 1827. Description of an[①] hermaphrodite orang-outang lately living in Philadelphia. Journal of the Academy of Natural Sciences of Philadelphia, 5: 2-8.

Harlan R. 1834. Description of a species of orang, from the north-eastern province of British east India, lately the Kingdom of Assam. Transactions of the American Philosophical Society, 4: 52-59.

---

① 此处 "an" 用法有误，正确用法应为 "a"。特此说明。

He G, Yang H T, Pan R L, *et al.* 2020. Using unmanned aerial vehicles with thermal-image acquisition cameras for animal surveys: A case study on the Sichuan snub-nosed monkey in the Qinling Mountains. Integrative Zoology, 15(1): 79-86.

He G, Zhang H, Wang H, *et al.* 2022. Dispersion, speciation, evolution, and coexistence of East Asian Catarrhine primates and humans in Yunnan, China.//Urbani B, Youlatos D, Antczak A. World Archaeoprimatology: Interconnections of Humans and Nonhuman Primates in the Past (Cambridge Studies in Biological and Evolutionary Anthropology, pp. 497-515). Cambridge: Cambridge University Press.

He K, Hu N Q, Orkin J D, *et al.* 2012. Molecular phylogeny and divergence time of *Trachypithecus*: with implications for the taxonomy of *T. phayrei*. Zoological Research, 33(E5-6): 104-110.

Hodgson B H. 1840. Three new species of monkey; with remarks on the genera *Semnopithecus et Macacus*. Journal of the Asiatic Society of Bengal, 9(Part II): 1211-1213.

Hu Y, Xu H W, Yang D H. 1989. The studies on ecology in *Hylobates leucogenys*. Zoological Research, 10(zk): 61-67.

Hu Y M, Zhou Z X, Huang Z W, *et al.* 2017. A new record of the capped langur (*Trachypithecus pileatus*) in China. Zoological Research, 38(4): 203-205.

Huang C M, Wei F W, Li M, *et al.* 2002. Current status and conservation of white-headed langur (*Trachypithecus leucocephalus*) in China. Biological Conservation, 104(2): 221-225.

Insua-Cao P, Hoang T M, Dine M. 2012. Conservation status and needs of François's Langur in Vietnam. Hanoi: People Resources and Conservation Foundation.

Jablonski N G. 1998. The evolution of the doucs and snub-nosed monkeys and the question of the phyletic unity of the odd-nosed colobines. The Natural History of the Doucs and Snub-nosed Monkeys. Singapore: World Scientific: 13-52.

Ji W Z, Jiang X L. 2004. Primatology in China. International Journal of Primatology, 25(5): 1077-1092.

Jiang X L, Luo Z H, Zhao S Y, *et al.* 2006. Status and distribution pattern of black crested gibbon (*Nomascus concolor jingdongensis*) in Wuliang Mountains, Yunnan, China: Implication for conservation. Primates, 47(3): 264-271.

Khanal L, Chalise M K, Fan P F, *et al.* 2021. Multilocus phylogeny suggests a distinct species status for the Nepal population of Assam macaques (*Macaca assamensis*): Implications for evolution and conservation. Zoological Research, 42(1): 3-13.

Kirkpatrick R C, Long Y C, Zhong T, *et al.* 1998. Social organization and range use in the Yunnan snub-nosed monkey *Rhinopithecus bieti*. International Journal of Primatology, 19(1): 13-51.

Kumar A, Solanki G S. 2004. A rare feeding observation on Water Lilies (*Nymphaea alba*) by the capped langur (*Trachypithecus pileatus*). Folia Primatologica, 75(3): 157-159.

Kumar A, Solanki G S, Sharma B K. 2005. Observations on parturition and allomothering in wild capped langur (*Trachypithecus pileatus*). Primates, 46(3): 215-217.

Kumar R, Radhakrishna S, Sinha A. 2011. Of least concern? Range extension by Rhesus macaques (*Macaca mulatta*) threatens long-term survival of Bonnet macaques (*M. radiata*) in peninsular India. International Journal of Primatology, 32(4): 945-959.

Kunkel d'Herculais J. 1884. Le Gibbon du Tonkin. Science et Nature (Paris), 2(33): 86-90.

Lacépède B G E, de la Ville Comte de. 1800. Classification des oiseaux et des mammifères. Séances des écoles normales, recueillies par des sténographes, et revues par les professeurs. Paris: Imprimerie du Cercle-social, 9(appendix): 1-86.

Lan D Y. 1989. Preliminary study on the group composition, behavior and ecology of the black gibbons (*Hylobates concolor*) in Southwest Yunnan. Zoological Research, 10(zk): 119-126.

Li B G, Chen C, Ji W H, *et al.* 2000. Seasonal home range changes of the Sichuan snub-nosed monkey (*Rhinopithecus roxellana*) in the Qinling Mountains of China. Folia Primatologica, 71(6): 375-386.

Li B G, Li M, Li J H, *et al.* 2018. The primate extinction crisis in China: Immediate challenges and a way forward. Biodiversity and Conservation, 27(13): 3301-3327.

Li B G, Pan R L, Oxnard C E. 2002. Extinction of snub-nosed monkeys in China during the past 400 years. International Journal of Primatology, 23(6): 1227-1244.

Li B G, Zhang P, Watanabe K, *et al.* 2003. A dietary shift in Sichuan snub-nosed monkeys. Acta Theriologica Sinica, 23(4): 358-360.

Li C, Zhao C, Fan P F. 2015a. White-cheeked macaque (*Macaca leucogenys*): A new macaque species from Medog, southeastern Tibet. American Journal of Primatology, 77(7): 753-766.

Li J H, Sun L X, Kappeler P M. 2020. The Behavioral Ecology of the Tibetan Macaque. Cham: Springer.

Li Y C, Liu F, He X Y, *et al.* 2015b. Social organization of Shortridge's capped langur (*Trachypithecus shortridgei*) at the Dulongjiang Valley in Yunnan, China. Zoological Research, 36(3): 152-160.

Li Y M. 2007. Terrestriality and tree stratum use in a group of Sichuan snub-nosed monkeys. Primates, 48(3): 197-207.

Liao W, Reed D H. 2009. Inbreeding - environment interactions increase extinction risk. Animal Conservation, 12(1): 54-61.

Liedigk R, Thinh V N, Nadler T, *et al.* 2009. Evolutionary and phylogenetic position of the Indochinese gray langur (*Trachypithecus crepusculus*). Vietnamese Journal of Primatology, 3: 1-8.

Lim, C L, Prescott G W, De Alban J D T, *et al.* 2017. Untangling the proximate causes and underlying drivers of deforestation and forest degradation in Myanmar. Conservation Biology, 31(6): 1362-1372.

Linnaeus C. 1771. Mantissa plantarum altera generum editionis Ⅵ et specierum editionis Ⅱ. Impensis direct. Laurentii Salvii: 521.

Liu Z J, Liu G J, Roos C, *et al.* 2015. Implications of genetics and current protected areas for conservation of 5 endangered primates in China. Conservation Biology, 29(6): 1508-1517.

Long Y C, Kirkpatrick C R, Zhongtai, *et al.* 1994. Report on the distribution, population, and ecology of the Yunnan snub-nosed monkey (*Rhinopithecus bieti*). Primates, 35(2): 241-250.

Long Y C, Momberg F, Ma J, *et al.* 2012. *Rhinopithecus strykeri* found in China! American Journal of

Primatology, 74(10): 871-873.

Long Y C, Nadler T, Quyet L K. 2021. *Trachypithecus crepusculus* (amended version of 2020 assessment). The IUCN Red List of Threatened Species 2021: e.T136920A204397334. https://dx.doi.org/10.2305/IUCN.UK.2021-2.RLTS.T136920A204397334.en [2022-12-10].

Luo M F, Liu Z J, Pan H J, *et al.* 2012. Historical geographic dispersal of the golden snub-nosed monkey (*Rhinopithecus roxellana*) and the influence of climatic oscillations. American Journal of Primatology, 74(2): 91-101.

Ma C, Fan P F. 2020. Effect of substrate type on langur positional repertoire. Global Ecology and Conservation, 22: e00956.

Ma C, Fan P F, Zhang Z Y, *et al.* 2017. Diet and feeding behavior of a group of 42 Phayre's langurs in a seasonal habitat in Mt. Gaoligong, Yunnan, China. American Journal of Primatology, 79(10): e22695.

Ma C, Huang Z P, Zhao X F, *et al.* 2014. Distribution and conservation status of *Rhinopithecus strykeri* in China. Primates, 55(3): 377-382.

Ma C, Luo Z H, Liu C M, *et al.* 2015. Population and Conservation Status of Indochinese gray langurs (*Trachypithecus crepusculus*) in the Wuliang Mountains, Jingdong, Yunnan, China. International Journal of Primatology, 36(4): 749-763.

Ma C, Xiong W G, Yang L, *et al.* 2020. Living in forests: Strata use by Indo-Chinese gray langurs (*Trachypithecus crepusculus*) and the effect of forest cover on Trachypithecus terrestriality. Zoological Research, 41(4): 373-380.

Ma C Y, Trinh-Dinh H, Nguyen V T, *et al.* 2020. Transboundary conservation of the last remaining population of the Cao Vit gibbon *Nomascus nasutus*. Oryx, 54(6): 776-783.

Masui K, Narita Y, Tanaka S. 1986. Information on the distribution of Formosan monkeys (*Macaca cyclopis*). Primates, 27(3): 383-392.

McClelland J. 1839. A list of mammalia and birds collected in Assam. Proceedings of the Zoological Society of London, 7: 146-147.

Medhi R, Chetry D, Basavdatta C, *et al.* 2007. Status and diversity of temple primates in northeast India. Primate Conservation, 22(1): 135-138.

Meyer D, Momberg F, Matauschek C, *et al.* 2017. Conservation status of the Myanmar or black snub-nosed monkey *Rhinopithecus strykeri*. Yangon: Fauna & Flora International; Dali: Institute of Eastern-Himalaya Biodiversity Research; Göttingen: German Primate Center.

Mills L S, Allendorf F W. 1996. The one-migrant-per-generation rule in conservation and management. Conservation Biology, 10(6): 1509-1518.

Milne-Edwards A. 1870. Note sur quelques mammifères du Thibet oriental. Comptes Rendus Hebdomadaires des Séances de l'Académie des Sciences, 70: 341-342.

Milne-Edwards A. 1897. Note sur une nouvelle espèce du genre Rhinopithèque provenant de la haute vallée du Mékong. Bulletin du Muséum Nationale d'Histoire Naturelle. Paris: Imprimerie Nationale, 3: 156-159.

Mittermeier R A, Rylands A B, Wilson D E. 2013. Handbook of the Mammals of the World. Volume 3: Primates. Barcelona: Lynx Edicions.

Molur S, Brandon-Jones D, Dittus W, *et al.* 2003. Status of South Asian primates: Conservation assessment and management plan (C.A.M.P.) workshop report. Zoo Outreach Organisation, CBSG-South Asia, Coimbatore.

Momberg F, Lwin N, Geissmann T. 2010. Report on a snub-nosed monkey and biodiversity survey, Maw River Catchment, Northeast Kachin State, 24 April – 8 May 2010. Report No. 14, Myanmar Primate Conservation Program. Biodiversity and Nature Conservation Association (BANCA), Fauna and Flora International (FFI) and People Resources and Conservation Foundation (PRCF), Yangon.

Monirujjaman, Khan M M H. 2017. Comparative activity pattern and feeding behaviour of capped langur (*Trachypithecus pileatus*) and rhesus macaque (*Macaca mulatta*) in Madhupur National Park of Bangladesh. Jahangirnagar University Journal of Biological Sciences, 6(1): 1-12.

Mootnick A R, Fan P F. 2011. A comparative study of crested gibbons (*Nomascus*). American Journal of Primatology, 73(2): 135-154.

Nadler T. 2013. Francois's langur *Trachypithecus francoisi*. Barcelona: Lynx Edicions.

Nadler T, Brockman D K. 2014. Primates of Vietnam. Endangered Primate Rescue Center, Cuc Phuong National Park, Vietnam.

Napier J R, Napier P H. 1967. A Handbook of Living Primates: Morphology, Ecology and Behavior of Nonhuman Primates. London: Academic Press.

Napier P H. 1985. Catalogue of Primates in the British Museum (Natural History) and Elsewhere in the British isles. Part Ⅲ: Family Cercopithecidae, Subfamily Colobinae. London: British Museum (Natural History).

Nekaris K A I, Al-Razi H, Blair M, *et al.* 2020. *Nycticebus bengalensis* (errata version published in 2020). The IUCN Red List of Threatened Species 2020: e.T39758A179045340. https://dx.doi.org/10.2305/IUCN. UK.2020-2.RLTS.T39758A179045340.en [2023-09-22].

Nekaris K A I, Nijman V. 2007. CITES proposal highlights rarity of Asian nocturnal primates (Lorisidae: *Nycticebus*). Folia Primatologica, 78(4): 211-214.

Ni Q Y, Jiang X L. 2009. Crested gibbons in southeastern Yunnan, China: Status and conservation. Gibbon Journal, 5: 36-43.

Nijman V. 2015. The conservation status of mammals and birds in the Imawbum Mountains, Kachin State, Northern Myanmar. Fauna and Flora International, Cambridge, UK.

Nijman V, Shepherd C R, Nekaris K A I. 2014. Trade in Bengal slow lorises in Mong La, Myanmar, on the China border. Primate Conservation, 2014(28): 139-142.

Ogilby W. 1840. On a new species of gibbon (*Hylobates leucogenys*). Proceedings of the Zoological Society of London, 8: 20-21.

Oliver K, Ngoprasert D, Savini T. 2019. Slow loris density in a fragmented, disturbed dry forest, North-east Thailand. American Journal of Primatology, 81(3): e22957.

Pocock R I. 1939. The Fauna of British India, including Ceylon and Burma, Mammalia. London: Taylor and

Francis, Ltd.

Pousargues E. 1898. Note préliminaire sur un nouveau Semnopithèque des frontières du Tonkin et de la Chine. Bulletin de le Muséum National d'Histoire Naturelle (Paris), 4: 319-321.

Qi X G, Garber P A, Ji W H, *et al.* 2014. Satellite telemetry and social modeling offer new insights into the origin of primate multilevel societies. Nature Communications, 5: 5296.

Radhakrishna S, Goswami A B, Sinha A. 2006. Distribution and conservation of *Nycticebus bengalensis* in Northeastern India. International Journal of Primatology, 27(4): 971-982.

Rao M, Rabinowitz A, Khaing S T. 2002. Status review of the protected-area system in Myanmar, with recommendations for conservation planning. Conservation Biology, 16(2): 360-368.

Ratajszczak R. 1998. Taxonomy, distribution and status of the lesser slow loris *Nycticebus pygmaeus* and their implications for captive management. Folia Primatologica, 69(Suppl. 1): 171-174.

Rawson B M, Insua-Cao P, Nguyen Manh Ha, *et al.* 2011. The Conservation Status of Gibbons in Vietnam. Fauna & Flora International/Conservation International, Hanoi, Vietnam.

Rawson B M, Nguyen M H, Coudrat C N Z, *et al.* 2020. *Nomascus leucogenys* (errata version published in 2020). The IUCN Red List of Threatened Species 2020: e.T39895A180816530. https://dx.doi.org/10.2305/IUCN. UK.2020-2.RLTS.T39895A180816530.en [2022-12-10].

Ren G P, Yang Y, He X D, *et al.* 2017. Habitat evaluation and conservation framework of the newly discovered and critically endangered black snub-nosed monkey. Biological Conservation, 209: 273-279.

Roos C, Helgen K M, Miguez R P, *et al.* 2020. Mitogenomic phylogeny of the Asian colobine genus *Trachypithecus* with special focus on *Trachypithecus phayrei* (Blyth, 1847) and description of a new species. Zoological Research, 41(6): 656-669.

Singh M, Kumar A, Kumara H N. 2020. *Macaca mulatta*. The IUCN Red List of Threatened Species 2020: e.T12554A17950825. https://dx.doi.org/10.2305/IUCN.UK.2020-2.RLTS.T12554A17950825.en [2023-09-22].

Starr C, Nekaris K A I, Leung L K P. 2012. A comparison of three survey methods for detecting the elusive pygmy slow loris *Nycticebus pygmaeus* in Eastern Cambodia. Cambodian Journal of Natural History, 2012(2): 123-130.

Stone R. 2009. Wenchuan earthquake. A deeply scarred land. Science, 324(5928): 713-714.

Swinhoe R. 1862. On the mammals of the island of Formosa[①] (China). Proceedings of the Zoological Society of London, 30(1): 347-368.

Tan B J. 1985. The status of primates in China. Primate Conservation, 5: 63-81.

Tan C L, Guo S T, Li B G. 2007. Population structure and ranging patterns of *Rhinopithecus roxellana* in Zhouzhi National Nature Reserve, Shaanxi, China. International Journal of Primatology, 28: 577-591.

---

① Formosa是葡萄牙人所用的旧称，现已废弃，"台湾"的正确英文表达方式为Taiwan。为了读者便于检索考证资料来源，此处保留了Formosa一词，但该词的使用不代表本书作者和出版社立场。特此说明。

Thomas O. 1892. XXIII.—Note on the gibbon of the island of Hainan (*Hylobates hainanus*, sp. n.). Annals and Magazine of Natural History, Ser. 6, 9(50): 145-146.

Thomas O. 1903. Mr. Oldfield Thomas on a new monkey. Proceedings of the General Meetings for Scientific Business of the Zoological Society of London, 1: 224-225.

Tien V D. 1983. On the north Indochinese gibbons (*Hylobates concolor*) (Primates: Hylobatidae) in North Vietnam. Journal of Human Evolution, 12(4): 367-372.

Timmins R J, Duckworth J W. 2013. Distribution and habitat of Assamese macaque *Macaca assamensis* in Lao PDR, including its use of low-altitude Karsts. Primate Conservation, 26(1): 103-114.

Trivedi M, Manu S, Balakrishnan S, *et al.* 2021. Understanding the phylogenetics of Indian hoolock gibbons: *Hoolock hoolock* and *H. leuconedys*. International Journal of Primatology, 42: 463-477.

Uddin M M, Ahsan M F, Huang L F. 2020. Human-primates conflict in Bangladesh: A review. The Journal of Animal and Plant Sciences, 30(2): 280-287.

Wang H H, Xu H M, Li Y P, *et al.* 2019. New distribution records for the endangered black-and-white snub-nosed monkeys (*Rhinopithecus bieti*) in Yunnan, China. Folia Zoologica, 68(2): 79-85.

Wang L, Yang B, Bai Y, *et al.* 2021. Conservation planning on China's borders with Myanmar, Laos, and Vietnam. Conservation Biology, 35(6): 1797-1808.

Wang W R, Qiao Y, Pan W S, *et al.* 2015. Low genetic diversity and strong geographical structure of the critically endangered white-headed langur (*Trachypithecus leucocephalus*) inferred from mitochondrial DNA control region sequences. PLoS One, 10(6): e0129782.

Wang Y X, Jiang X L, Li D W. 1998. Classification and distribution of the extant subspecies of golden snub-nosed monkey (*Rhinopithecus* [*Rhinopithecus*] *roxellana*).//Jablonski N G. The Natural History of the Doucs and Snub-nosed Monkeys. London: World Scientific: 53-64.

Williams N. 2020. New protected area raises hopes for critically endangered monkey. Fauna and Flora International. https://www.fauna-flora.org/news/new-protected-area-raises-hopes-critically-endangered-monkey/ [2023-09-22].

Wroughton R C. 1915. Scientific results from the mammal survey. No. XI. The Journal of the Bombay Natural History Society, 24(1): 56-57.

Wu H, Long Y. 2020. *Macaca cyclopis*. The IUCN Red List of Threatened Species 2020: e.T12550A17949875. https://dx.doi.org/10.2305/IUCN.UK.2020-2.RLTS.T12550A17949875.en [2023-09-22].

Xiang Z F, Xiao W, Huo S, *et al.* 2013. Ranging pattern and population composition of *Rhinopithecus bieti* at Xiaochangdu, Tibet: Implications for Conservation. Chinese Science Bulletin, 58(18): 2212-2219.

Xiao W, Ding W, Cui L W, *et al.* 2003. Habitat degradation of *Rhinopithecus bieti* in Yunnan, China. International Journal of Primatology, 24(2): 389-398.

Yang D H, Zhang J Y, Li C. 1987. Preliminary survey on the population and distribution of gibbons in Yunnan Province. Primates, 28(4): 547-549.

Yang Y, Groves C, Garber P, *et al.* 2019a. First insights into the feeding habits of the critically endangered black snub-nosed monkey, *Rhinopithecus strykeri* (Colobinae, Primates). Primates, 60(2): 143-153.

Yang Y, Lin A K, Garber P A, *et al.* 2022. The 10th anniversary of the scientific description of the black snub-nosed monkey (*Rhinopithecus strykeri*): It is time to initiate a set of new management strategies to save this critically endangered primate from extinction. American Journal of Primatology, 84(6): e23372.

Yang Y, Ren G P, Li W J, *et al.* 2019b. Identifying transboundary conservation priorities in a biodiversity hotspot of China and Myanmar: Implications for data poor mountainous regions. Global Ecology and Conservation, 20: e00732.

Yang Y, Tian Y P, He C X, *et al.* 2018. The critically endangered Myanmar snub-nosed monkey *Rhinopithecus strykeri* found in the Salween River[①] Basin, China. Oryx, 52(1): 134-136.

Youanechuexian K. 2014. The status of laotian black crested gibbon *Nomascus concolor* lu in Nam Kan area of Laos. Doctoral dissertation, School of Environmental Biology Institute of Science, Suranaree University of Technology.

Young H, Griffin R H, Wood C L, *et al.* 2013. Does habitat disturbance increase infectious disease risk for primates? Ecology Letters, 16(5): 656-663.

Yuan S D, Fei H L, Zhu S H, *et al.* 2014. Effects of tsaoko (*Fructus tsaoko*) cultivating on tree diversity and canopy structure in the habitats of eastern hoolock gibbon (*Hoolock leuconedys*). Zoological Research, 35(3): 231-239.

Zeng Y J, Xu J L, Wang Y, *et al.* 2013. Habitat association and conservation implications of endangered Francois' langur (*Trachypithecus francoisi*). PLoS One, 8(10): e75661.

Zhang L, Guang Z H, Fei H L, *et al.* 2020. Influence of traditional ecological knowledge on conservation of the skywalker hoolock gibbon (*Hoolock tianxing*) outside nature reserves. Biological Conservation, 241: e108267.

Zhang R Z, Quan G Q, Zhao T G, *et al.* 1991. Distribution of macaques (*Macaca*) in China. Acta Theriologica Sinica, 11(3): 171-185.

Zhang Y Z. 1995. The current status of Primates in China.//夏武平, 张荣祖. 灵长类研究与保护. 北京: 中国林业出版社: 15-33.

Zhang Y Z, Quan G Q, Lin Y L, *et al.*, 1989. Extinction of rhesus monkeys (*Macaca mulatto*) in Xinglung, North China. International Journal of Primatology, 10(4): 375-381.

Zhang Y Z, Quan G Q, Zhao T G, *et al.* 1992. Distribution of primates (except *Macaca*) in China. Acta Theriologica Sinica, 12(2): 81-95.

Zhao X M, Garber P A, Li M. 2021. Alleviating human poverty: A successful model promoting wildlife conservation in China. Conservation Science and Practice, 3(10): e511.

Zhou J, Wei F W, Li M, *et al.* 2005. Hainan black-crested gibbon is headed for extinction. International Journal of

① 中国称"怒江"（英文名为Nu Jiang），入缅甸后称"萨尔温江"［英文名应为Thanlwin（Salween）］。此处应为Nu Jiang。特此说明。

Primatology, 26(2): 453-465.

Zhou Q H, Wei H, Huang Z H, *et al.* 2014. Ranging behavior and habitat use of the Assamese macaque (*Macaca assamensis*) in limestone habitats of Nonggang, China. Mammalia, 78(2): 171-176.

Zimmermann E A W. 1780. Geographische geschichte des menschen, und der allgemein verbreiteten vierfüssigen Thiere: Nebst einer hieher gehörigen zoologischen Weltcharte. Vol. 1. Leipzig: In der Weygandschen Buchhandlung, 2: 195.

中文名索引

拉丁名索引

中国药用兰科植物
濒危状况评估

2022

一、概　　述

（一）本次评估的药用兰科植物种类

中国药用兰科植物在不同的药用植物典籍中，包括的属、物种等差异比较大。《中华人民共和国药典》（2020年版 一部）作为国家法定标准，收录的药用兰科植物包括石斛属植物、白及、天麻、云南独蒜兰、独蒜兰、杜鹃兰（国家药典委员会，2020）（见下表）；《中国药用植物志 第十二卷》收录了药用兰科植物297种，包括石斛属、杓兰属、手参属、芋兰属、天麻属、白及属、玉凤花属、金石斛属等79属部分种类（戴伦凯，2013）；《中华本草》收录的药用兰科植物包括脆兰属、无柱兰属、金线兰属、筒瓣兰属、石豆兰属、石斛属、杓兰属、芋兰属等的种类（国家中医药管理局和《中华本草》编委会，1999）；民间使用的物种则更加多样化。

我们通过长期的野外和市场调查、药农走访和文献研究等发现，《中华人民共和国药典》（2020年版 一部）虽然将石斛属植物全部列入药用植物，但是在生产实践、市场贸易、文献记录（杨明志等，2022；赵菊润等，2022；张春岚和胥雯，2021；陈子恩等，2020；窦路遥等，2019；焦连魁等，2019；李朝锋，2019；顺庆生等，2017，2019；夏天卫等，2019；任媛，2018；张倩倩，2018；宋亚琼等，2017；明兴加等，2016；滕建北等，2013；周俊，2013；包雪声等，2001）中，国产石斛属入药的物种主要集中在具肉质茎的种类，主要包括三类：①广义石斛组植物，如铁皮石斛复合体、细茎石斛复合体、鼓槌石斛、流苏石斛等；②草叶组植物，如梳唇石斛、勐海石斛、草石斛等；③黑毛组部分物种，如矮石斛等。石斛属其他组物种，如景洪石斛、木石斛、燕石斛、海南石斛等，并没有受到企业、市场等的关注，也未被使用（杨明志等，2022；赵菊润等，2022；张春岚和胥雯，2021；陈子恩等，2020；窦路遥等，2019；焦连魁

中国药用兰科植物收录情况

属名	《中华人民共和国药典》（2020年版 一部）	《中国药用植物志 第十二卷》（2013年）	《中华本草》（1999年）	本次评估（2022年）
白及属	1种（白及）	4种	1种	1种
石斛属	约120种（石斛属所有物种）	25种	7种	45种
天麻属	1种（天麻）	1种	1种	2种
金线兰属	未收录	5种	2种	1种
杓兰属	未收录	14种	7种	2种
手参属	未收录	4种	2种	2种
芋兰属	未收录	3种	2种	1种
独蒜兰属	2种（云南独蒜兰、独蒜兰）	4种	2种	未包括
杜鹃兰属	1种（杜鹃兰）	1种	1种	未包括
玉凤花属	未收录	17种	11种	未包括
石豆兰属	未收录	14种	6种	未包括
贝母兰属	未收录	11种	3种	未包括
石仙桃属	未收录	5种	3种	未包括
兰属	未收录	11种	7种	未包括
羊耳蒜属	未收录	14种	7种	未包括
沼兰属	未收录	1种	未收录	未包括
虾脊兰属	未收录	17种	9种	未包括
地宝兰属	未收录	1种	未收录	未包括
山兰属	未收录	3种	2种	未包括

注：本次评估是以《中华人民共和国药典》（2020年版 一部）为核心，其他资料仅用于对比，故表格中只列出《中国药用植物志 第十二卷》（2013年）和《中华本草》（1999年）收录的部分属

等，2019；李朝锋，2019；顺庆生等，2017，2019；夏天卫等，2019；任媛，2018；张倩倩，2018；宋亚琼等，2017；明兴加等，2016；滕建北等，2013；周俊，2013；包雪声等，2001）。

手参属、金线兰属虽然没被收入《中华人民共和国药典》（2020年版 一部）（国家药典委员会，2020），但受市场关注比较大，市场贸易活跃（孙跃宁等，2020；依拉古等，2018；郑丽香，2018；邵清松等，2016），其中，金线兰属植物人工栽培量大（韩利霞，2019；周晨等，2019；郑丽香，2018），研究也比较深入（Chen et al.，2021；Zhang et al.，2020a，2020b；韩利霞，2019；Swift et al.，2019；周晨等，2019；Zhu et al.，2019；郑丽香，2018；Jin et al.，2017；Lin et al.，2017；邵清松等，2016）。杓兰属植物没有被收入《中华人民共和国药典》（2020年版 一部）（国家药典委员会，2020），但部分药用植物典籍［如《中国药用植物志 第十二卷》（戴伦凯，2013）］有收录，因此，杓兰属植物作为具有开发潜力的药用资源植物，需要加强关注。天麻作为药用植物，使用历史悠久，栽培广泛。在野外和市场调查中，我们发现在原天麻的原产地其块茎作为天麻替代品出售，价格高，市场交易活跃。芋兰属植物在《中华人民共和国药典》（2020年版 一部）中未被收录，但"青天葵"（广布芋兰 Nervilia aragoana）作为南药的重要组成，在其他药用植物典籍中记载较多（谢月英等，2009；袁叶飞，2006），而且使用较为广泛（翟勇进等，2020；左文朴，2019；程银平，2017；陈秀珍等，2016；张晓丽等，2012；谢月英等，2009；袁叶飞，2006）。云南独蒜兰、独蒜兰、杜鹃兰是中药山慈菇的主要原材料（国家药典委员会，2020），但在实际生产中，药用的"云南独蒜兰"和"独蒜兰"假鳞茎的来源比较混杂和广泛（国家药典委员会，2020；王晓阁等，2015），原植物几乎包括了独蒜兰属的所有物种，而且还包括了其他属的物种，如安兰属等。

（二）本次评估选取物种的依据

从表1可见，药用兰科植物种类很多，但作为第一期报告，本次评估的物种以《中华人民共和国药典》（2020年版 一部）收录的我国原产的药用兰科植物为核心，并进行如下适当调整。

（1）石斛属植物包括使用广泛的国产广义石斛组（Schuiteman et al.，2022；明兴加等，2016；Xiang et al.，2013，2016；滕建北等，2013）、草叶组和部分黑毛组植物，还包括部分近年来发表的一些形态特征明显的新种，主要为石斛组物种（Zheng et al.，2020；Xu et al.，2018），如罗氏石斛（Deng et al.，2016），其他组物种由于在生产实践中使用量非常少或者不使用，本次暂不评估。石斛属评估种类共计45种，详见下表。

（2）根据市场调查的实际情况，天麻属评估的种类增加原天麻，评估物种包括天麻、原天麻2种。

（3）增加杓兰属、芋兰属、金线兰属、手参属的部分物种。考虑这些类群的物种多样性、地理分布、药用植物使用的代表性和区域性、相关资料的可靠性等（Li et al.，2011；Tsi，1999；Zhu and Chen，1999；Cribb，1997），经过讨论，确定先评估这些属中广泛分布和（或）市场需求较大的物种，初步选定黄花杓兰、西藏杓兰、广布芋兰、金线兰、手参、西南手参6个物种。

（4）独蒜兰属植物有20～30种（Jiang et al.，2018；Cribb and Butterfield，1999），部分物种分布广，大部分物种假鳞茎比较相似，无花的情况下野外调查时难以区分，同时，该属植物分类有待深入研究（Chao et al.，2021；Dai et al.，2020；Jiang et al.，2018；Zhang et al.，2018；Cribb and Butterfield，1999），故本次暂不评估。

（5）杜鹃兰的假鳞茎为山慈菇的原材料之一。目前资料表明，杜鹃兰分布广（Flora of China Editorial Committee，2009），但野外调查时发现杜鹃兰植物个体数比较少，野外偶见，而且没有规模化人工栽培，加之市场使用量不大，各种信息相对缺乏，故本次暂不评估。

对于本次没有评估的药用兰科植物，尤其是《中华人民共和国药典》（2020年版 一部）、《中国药用植物志 第十二卷》等收录的药用兰科植物，我们将在以后进行评估。

本次评估的药用兰科植物

属名	种名	属名	种名
金线兰属	金线兰 *Anoectochilus roxburghii* (Wall.) Lindl.	石斛属	美花石斛 *Dendrobium loddigesii* Rolfe
白及属	白及 *Bletilla striata* (Thunb. ex Murray) Rchb. f.	石斛属	罗河石斛 *Dendrobium lohohense* Tang & F. T. Wang
杓兰属	黄花杓兰 *Cypripedium flavum* P. F. Hunt & Summerh	石斛属	罗氏石斛 *Dendrobium luoi* L. J. Chen & W. H. Rao
杓兰属	西藏杓兰 *Cypripedium tibeticum* King ex Rolfe	石斛属	细茎石斛 *Dendrobium moniliforme* (L.) Sw.
石斛属	兜唇石斛 *Dendrobium aphyllum* (Rohb.) C. E. Fishcher	石斛属	藏南石斛 *Dendrobium monticola* P. F. Hunt & Summerh.
石斛属	短棒石斛 *Dendrobium capillipes* Rchb. f.	石斛属	杓唇石斛 *Dendrobium moschatum* (Buch.-Ham.) Sw.
石斛属	束花石斛 *Dendrobium chrysanthum* Wall. ex Lindl.	石斛属	石斛 *Dendrobium nobile* Lindl.
石斛属	线叶石斛 *Dendrobium chryseum* Z. H. Tsi & S. C. Chen	石斛属	铁皮石斛 *Dendrobium officinale* Kimura & Migo
石斛属	鼓槌石斛 *Dendrobium chrysotoxum* Lindl.	石斛属	肿节石斛 *Dendrobium pendulum* Roxb.
石斛属	叠鞘石斛 *Dendrobium denneanum* Kerr	石斛属	单葶草石斛 *Dendrobium porphyrochilum* Lindl.
石斛属	密花石斛 *Dendrobium densiflorum* Lindl. ex Wall.	石斛属	滇桂石斛 *Dendrobium scoriarum* W. W. Sm.
石斛属	齿瓣石斛 *Dendrobium devonianum* Paxton	石斛属	始兴石斛 *Dendrobium shixingense* Z. L. Chen
石斛属	黄花石斛 *Dendrobium dixanthum* Rchb.	石斛属	华石斛 *Dendrobium sinense* Tang & F. T. Wang
石斛属	梵净山石斛 *Dendrobium fanjingshanense* Z. H. Tsi ex X. H. Jin & Y. W. Zhang	石斛属	勐海石斛 *Dendrobium sinominutiflorum* S. C. Chen, J. J. Wood & H. P. Wood
石斛属	流苏石斛 *Dendrobium fimbriatum* Hook.	石斛属	叉唇石斛 *Dendrobium stuposum* Lindl.
石斛属	棒节石斛 *Dendrobium findlayanum* Par. & Rchb.	石斛属	具槽石斛 *Dendrobium sulcatum* Lindl.
石斛属	曲茎石斛 *Dendrobium flexicaule* Z. H. Tsi, S. C. Sun & L. G. Xu	石斛属	球花石斛 *Dendrobium thyrsiflorum* Rchb. f.
石斛属	曲轴石斛 *Dendrobium gibsonii* Lindl.	石斛属	绿春石斛 *Dendrobium transparens* Wall.
石斛属	杯鞘石斛 *Dendrobium gratiosissimum* Rchb. f.	石斛属	五色石斛 *Dendrobium wangliangii* G. W. Hu, C. L. Long & X. H. Jin
石斛属	苏瓣石斛 *Dendrobium harveyanum* Rchb. f.	石斛属	大苞鞘石斛 *Dendrobium wardianum* Warner
石斛属	疏花石斛 *Dendrobium henryi* Schltr.	石斛属	大花石斛 *Dendrobium wilsonii* Rolfe
石斛属	重唇石斛 *Dendrobium hercoglossum* Rchb. f.	石斛属	西畴石斛 *Dendrobium xichouense* S. J. Cheng & C. Z. Tang
石斛属	尖刀唇石斛 *Dendrobium heterocarpum* Wall. ex Lindl.	天麻属	原天麻 *Gastrodia angusta* S. Chow & S. C. Chen
石斛属	金耳石斛 *Dendrobium hookerianum* Lindl.	天麻属	天麻 *Gastrodia elata* Bl.
石斛属	霍山石斛 *Dendrobium huoshanense* C. Z. Tang & S. J. Cheng	手参属	手参 *Gymnadenia conopsea* (L.) R. Br.
石斛属	小黄花石斛 *Dendrobium jenkinsii* Wall. ex Lindl.	手参属	西南手参 *Gymnadenia orchidis* Lindl.
石斛属	广东石斛 *Dendrobium kwangtungense* C. L. Tso	芋兰属	广布芋兰 *Nervilia aragoana* Gaudich.

（三）本次评估采取的评估方法

1. IUCN受威胁物种红色名录分类和标准

IUCN受威胁物种红色名录类别及标准是目前普遍认为较为全面、客观、合理的等级系统和标准。该红色名录主要是基于物种过去、现在和将来（预期）的威胁因子来评估物种的灭绝风险，并用相应的系统来评估物种濒危级别。评估依据包括种群数量大小及变动趋势、成熟个体数量、种群分布面积或占有面积及变化趋势等影响种群生存的各项因素。

本次评估采用IUCN受威胁物种红色名录类别及标准3.1版，共使用了灭绝（EX）、野外灭绝（EW）、极危（CR）、濒危（EN）、易危（VU）、近危（NT）、无危（LC）和数据缺乏（DD）等8个级别。其中，受威胁等级包括极危（CR）、濒危（EN）和易危（VU）等3个级别。

IUCN的评估标准和方法是通过程序化的流程对原始数据资料进行评估和判断，进而评估物种的灭绝风险，主要特点在于减少主观判断，力求明确并量化，全面考虑评估信息和评估过程的不确定性，IUCN

的濒危级别能够在多个尺度范围内和不同生物类群中使用。2017年发表的《中国高等植物受威胁物种名录》（覃海宁等，2017a）在评估流程上就是严格根据这一标准执行的。

在实际评估过程中，需要在全面调查的基础上，充分考虑评估物种的自身特点、物种分布地区的文化和保护体系等特点，尤其是考虑评估物种所在区域的保护政策、文化等因素，将物种灭绝风险的自然过程和人类社会活动结合在一起，加强了物种评估的主观性，这就要求评估人员具备非常好的综合分析能力和判断能力。我们称之为综合评估方法。

2. 评估环节和评估因素

IUCN评估使用的主要指标为物种数量、种群大小和分布区的大小及其变化趋势等，但没有考虑到影响这些指标的主要驱动因素，特别是这些驱动因素对指标的影响程度。药用兰科植物是以经济属性定义的一类特殊植物，其本身也是许多特殊属性的总体。这些属性包括社会经济属性、民族文化属性、自然历史属性等，它们的特点对药用兰科植物的野外生存有很大影响，在评估过程中，需要考虑这些因素对评估指标的影响。

为此，在评估程序和方法上，我们进行了适当调整，增加了综合评估环节，主要综合考虑物种的多个属性，包括物种的自然历史属性、社会经济属性、民族植物学属性、分布地的民族传统文化、国家生物多样性保护政策体系等，来综合评估物种的灭绝风险。这个调整使物种濒危状况的评估更加符合实际情况。

（1）自然历史属性：包括物种生物学特点，尤其是生活史特点、繁殖生物学特点、物种生存策略、物种最小存活个体数等。兰科植物种子小、数量多、易传播，但需菌类共生萌发等，导致许多兰科植物分布广但斑块化分布严重，附生兰科植物呈现立体空间分布格局。从历史角度来看，我国药用兰科植物使用历史悠久（索南邓登，2020；翟勇进等，2020；窦路遥等，2019；龚文玲等，2018；王晓阁等，2015；滕建北等，2013；周俊，2013；包雪声等，2001；卢进和丁德容，1994），在新中国成立之前，所有的药用兰科植物主要依靠野生资源满足市场需求，这在一定程度上也说明这些物种的更新能力较强。

典型案例：西南手参和手参分布广，其块茎作为手掌参药食同源，在西藏、青海等使用历史悠久，市场需求量也较大。我们在调查时发现，手参属植物自然结实率非常高，实生苗较多，而且手参属植物块茎采集的时候，正是手参属植物种子成熟和散发的时候，因此，块茎采集对手参物种更新影响不大。根据野外调查，目前手参属的块茎采集规模对手参属植物种群更新的影响有限，不会影响这两个物种的生存。

（2）社会经济属性：主要是考虑物种的直接经济价值和社会经济发展程度。目前采集和交易的野生药用兰科植物主要是经济利益驱动的生产经营活动。当前，主要的药用兰科植物（如铁皮石斛、白及、天麻等）都实现了规模化生产，价格降低了，也满足了市场需求。尽管名贵中药经济属性对野生资源的影响有扩大的趋势，但是野生资源采集成本的上升，客观上减轻了野生资源的采集压力，评估时需要考虑到。

（3）民族植物学属性：主要考虑的是不同的民族文化对物种的直接或间接的保护方式，如"风水林"、"神树"、"神山"、资源使用方式、传统文化理念等。

典型案例：始兴石斛是近年来发表的新种（Chen et al.，2010），分布在广东韶关地区和江西齐云山等地。我们调查时发现，该种在其分布区几乎没有成年植株，但小苗非常多。经过调查发现，当地药农将该种当作铁皮石斛采集，经常有各自的采集区域，采大留小，而且有在家中种植成苗到开花育种的习惯，导致野外小苗很多，但几乎无成年植株。

（4）分布地的民族传统文化：主要考虑物种分布地居民的传统生活方式、文化等对评估物种本身、生境（包括生态系统）等的影响。

典型案例：我国西南高山草甸草原是世界上生物多样性最丰富的草甸和草原之一，是杓兰属、贝母属植物等高山植物的主要分布区，但同时也是优良的天然牧场。我们调查时发现，随着交通的便利、畜牧水平的提高、人口的增长等，过度放牧逐渐成为高山草甸生物多样性保护的一个主要影响因素，且随着时间的推移，这个因素的影响会逐渐扩大。

（5）国家生物多样性保护政策体系：主要考虑到国家保护政策的制定和执行，尤其是保护物种名录的发布和更新频次、执法力度等。

典型案例：2021年9月7日公布的《国家重点保护野生植物名录》物种收录的原则包括防止过度开发利用而造成物种濒危和保护有重要经济价值的物种等（鲁兆莉等，2021）。目前，大部分无序开发利用的种类已被列入《国家重点保护野生植物名录》中，直接从法律上对这些物种进行保护，减缓了这些物种的濒危速度，甚至减缓了部分物种种群衰退趋势。

（四）本次评估的数据来源和甄别

为了准确评估我国药用兰科植物的濒危状况，本次评估数据主要来源于公开发表的学术数据和评估团队的野外调查数据，通过对各种数据进行检测筛选，确保评估结果可靠。

评估的数据来源主要包括：

（1）2019年启动的全国野生兰科植物资源专项补充调查数据；

（2）评估团队多年来在国内外开展的野外兰科植物调查数据，用于统计各物种分布范围、种群大小及变化情况、各物种受威胁因素及程度；

（3）国家植物标本资源库（www.cvh.ac.cn）和国家标本平台（NSII）（http://www.nsii.org.cn/2017/home.php）的数据；

（4）在国内外期刊上经过同行评估的、正式发表的学术论文及硕士/博士学位论文。

1. 全国兰科植物调查数据

2018年，国家林业和草原局启动了全国野生兰科植物资源专项补充调查工作。本次评估工作我们汇总了全国兰科植物调查数据（2019～2022年），获得我国药用石斛属植物约6000条地理分布数据、金线兰805条分布数据、白及437条分布数据、2种手参属植物共843条分布数据、2种杓兰属植物共795条分布数据以及相关的分布信息；2种天麻属植物共107条分布记录；广布芋兰36条分布记录。每条分布记录代表1个固定或者临时样方数据，包括地理分布、物种个体数量、物种受威胁因素及受威胁程度等。54个物种野外记录约18万个个体。

2. 评估团队野外调查

1999年起，评估团队负责人先后在中国、缅甸、印度尼西亚、泰国、老挝、柬埔寨、俄罗斯、巴基斯坦、尼泊尔等国家开展多次兰科植物多样性专项调查，掌握了药用兰科植物地理分布、物种濒危状况和致危因素等资料。2020～2021年，评估团队在云南（怒江州、西双版纳州、思茅、昆明）、西藏（林芝、昌都）、青海（玉树州）、陕西（南部）、贵州（大部分地区）、湖南（大部分地区）、湖北（北部和西部）、四川（西部和南部）开展药用兰科植物补充调查，行程约3万km；在野外调查中，记录了目标物种种群数量和大小、地理分布状况、影响物种生存的因素等。

3. 文献和考察报告

收集和参考线上线下论文，包括硕士/博士学位论文、学术论文等约120篇。本次评估对这些文献进行了筛选，选用研究结果可靠的论文用于评估。

4. 评估物种的数据采集记录

通过国家植物标本资源库、文献等获得相关物种近百年的标本采集记录信息。对获得的资料进行数据整理，包括物种鉴定的准确性、地理分布信息的可靠性等，对于无法确定准确性的文献和标本，暂时不纳入物种评估数据库中。通过整理、整合，分别获得分布于我国的45种石斛属植物2945条、金线兰243

条、白及1052条、2种手参属植物约1500条、2种杓兰属植物约670条、2种天麻属植物459条、广布芋兰34条可靠的地理分布数据。本次各评估物种的地理分布图也是根据评估团队和全国兰科植物调查数据绘制。

5. 本评估采用最小资源量作为主要量化指标

由于我国幅员辽阔，地形地貌复杂，各种生态系统的斑块化分布比较普遍。兰科植物对生境的要求比较严格，主要呈斑块状分布，物种生境面积或占有面积非常难估算，而且兰科植物调查的难度比较大。通过咨询多位专家及评估组讨论，确定用已知资源量作为最小资源量开展评估。

本次评估所建议的物种最小资源量是一个相对的概念。对于濒危物种、极小种群物种、分布区狭窄的物种、资源极度开发利用的物种或野外调查空缺的物种等，在总体资源量极端不清或者很难估算的情况下，采用经过核对和确认的实地调查野生资源量作为该物种的最小野生资源（或种群数量）。物种最小资源量对物种濒危状况评估采用的是谨慎性原则，即根据最小资源量评估的濒危级别，代表的是物种的最大灭绝风险，对于物种的保育起预警作用。

样方中记录的兰科植物代表该种的一个分布记录。调查结束时，统计样方中各种兰科植物的数量，包括幼苗、成熟个体数量等。评估时，该物种所有的个体数量总和作为最小资源量，成熟个体数量总和作为最小繁殖个体数，根据物种的生物学特点，综合这两个指标对物种进行评估。

（五）评估组专家

中国科学院植物研究所　金效华　研究员
中国科学院植物研究所　覃海宁　研究员
南京师范大学　丁小余　教授
中国科学院西双版纳热带植物园标本馆　李剑武　高级工程师
华东师范大学　田怀珍　副教授
中国科学院植物研究所　叶　超　助理工程师

（六）评审组专家

中华人民共和国濒危物种科学委员会　魏辅文　院士／常务副主任
中国科学院植物研究所　洪德元　院士
中国科学院科技促进发展局　周　桔　处长
国家林业和草原局野生动植物保护司　袁良琛　处长
农业农村部农业生态与资源保护总站　陈宝雄　高级农艺师
中国中医科学院中药资源中心　袁　媛　研究员（副主任）
中国科学院华南植物园　任　海　研究员
中国科学院昆明植物研究所　龚　洵　研究员
云南大学　高江云　教授
中国科学院武汉植物园　胡光万　研究员
中国科学院植物研究所　覃海宁　研究员
中国科学院植物研究所　罗毅波　研究员
中华人民共和国濒危物种科学委员会　朱　江　研究员／办公室主任
中华人民共和国濒危物种科学委员会　曾　岩　高级工程师

金线兰属 Anoectochilus

金线兰属本次评估1种。

金线兰 花叶开唇兰
Anoectochilus roxburghii

Anoectochilus yungianus、*Zeuxine roxburghii*、*Chrysobaphus roxburghii*

形态学特征 地生草本，植株高8～18cm，具2～4枚叶。叶片卵圆形或卵形，长1.3～3.5cm，宽0.8～3cm，上面暗紫色或黑紫色，具金红色带有绢丝光泽的美丽网脉，背面淡紫红色。总状花序具2～6朵花，长3～5cm；花白色或淡红色，不倒置，有时倒置；萼片背面被柔毛，中萼片卵形，长约6mm，宽2.5～3mm，与花瓣靠合呈兜状；侧萼片偏斜的近长圆形或长圆状椭圆形，长7～8mm，宽2.5～3mm；花瓣近镰刀状，与中萼片等长；唇瓣长约12mm，呈"Y"形；前唇扩大并2裂，裂片近长圆形或近楔状长圆形；中唇收狭成长4～5mm的爪，两侧各具6～8条长4～6mm的流苏状细裂条；距长5～6mm，末端2浅裂，内侧在靠近距口处具2枚肉质的胼胝体；蕊柱前面两侧各具1枚宽、片状的附属物。

地理分布 金线兰主要分布在亚洲热带和亚热带地区，包括中国、日本、泰国、老挝、越南、印度（阿萨

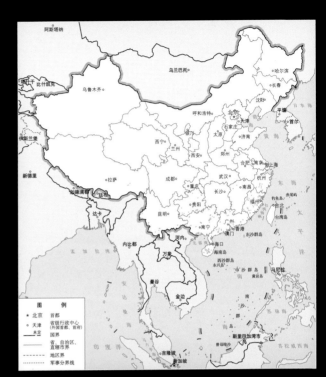

姆邦至西姆拉）、不丹、尼泊尔、孟加拉国、印度尼西亚等。兰科植物调查发现，金线兰在我国云南、广东、广西、浙江、海南、湖南、福建、西藏、贵州都有分布（郭怡博等，2021；翟勇进等，2020）。

物种现状 金线兰历史采集记录为243条；全国野生兰科植物资源专项补充调查野外记录的样方数为881个，记录的个体数约5600株，其中繁殖个体数约870株，至少在34个国家级自然保护区发现有分布。

主要威胁 评估团队在缅甸、老挝、印度尼西亚外都发现了野生居群，数量比较大。金线兰生长在热带山地和亚热带雨林，生境多样，分布广，植株小，营养体又具有很好的隐蔽性，不易被发现。在中国采集压力大，但人工繁殖非常成功，目前在福建、广西、云南许多地区实现了人工仿野生栽培。

濒危级别 本次评估结果为近危（NT），相比2017年评估结果（覃海宁等，2017a）为降级。

金效华／摄影

白及属 Bletilla

白及属本次评估1种。

白及 白芨
Bletilla striata

Cymbidium hyacinthinum、Bletia hyacinthina、Limodorum striatum、Jimensia striata、Coelogyne elegantula、Bletia gebina、Bletia striata、Bletilla gebina、Bletilla elegantula、Bletilla hyacinthina、Bletilla striata var. *gebina、Calanthe gebina、Cymbidium striatum、Epidendrum striatum、Limodorum hyacinthinum、Jimensia nervosa、Bletilla striata* f. *gebina、Bletia hyacinthina* var. *gebina、Bletilla striata* var. *albomarginata*

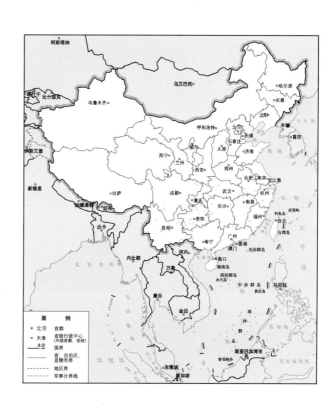

形态学特征　地生植物。假鳞茎扁球形，上面具荸荠似的环带。叶狭长圆形或披针形，2～4枚，长8～29cm，宽1.5～4cm。花序轴或多或少呈"之"字状曲折；花紫红色或粉红色；萼片和花瓣近等长，狭长圆形，长25～30mm，宽6～8mm；花瓣较萼片稍宽；唇瓣

金效华／摄影

倒卵状椭圆形，长23～28mm；唇盘上面具5条纵褶片，在中裂片上面为波状；蕊柱长18～20mm，具狭翅。

地理分布　白及主要分布在东亚的亚热带地区，包括中国、日本、朝鲜、韩国等。我国近期的全国野生兰科植物资源专项补充调查在安徽、重庆、广东、广西、湖北、湖南、福建、贵州、云南、四川、浙江、江苏都发现有白及分布。

物种现状　全国兰科植物野外记录的样方数为336个，个体数约为4400株，其中繁殖个体数约1450株，且至少在20个自然保护区内有分布。与标本记录的分布区相比，此次调查没有在陕西发现白及。

主要威胁　白及人工繁殖非常成功，技术成熟，人工繁殖产量高，但目前仍有野生采集。

濒危级别　综合考虑各种因素，本次评估结果为易危（VU），主要依据A1cd。相比2017年评估结果（覃海宁等，2017a）为降级。

杓兰属 Cypripedium

杓兰属本次评估2种。

黄花杓兰 Cypripedium flavum

Cypripedium luteum

　　形态学特征　地生植物，植株通常高30～50cm，具粗短的根状茎。茎密被短柔毛，具3～6枚叶。叶片椭圆形至椭圆状披针形，长10～16cm，宽4～8cm，两面被短柔毛。花序顶生，通常具1花；花梗和子房长2.5～4cm，密被褐色至锈色短毛；花黄色；中萼片椭圆形至宽椭圆形，长3～3.5cm，宽1.5～3cm；合萼片宽椭圆形，长2～3cm，宽1.5～2.5cm；花瓣长圆形至长圆状披针形，内表面基部具短柔毛；唇瓣深囊状，椭圆形，长3～4.5cm，两侧和前沿均有较宽阔的内折边缘；退化雄蕊近圆形或宽椭圆形，长6～7mm，宽约5mm，下面略有龙骨状突起，上面有明显的网状脉纹。

　　地理分布　黄花杓兰主要分布于我国甘肃、湖北、四川、重庆、云南和西藏的林下、林缘、灌丛中或草地上多石湿润之地，海拔1800～3450m。

　　物种现状　本次野外调查共记录样方255个，个体数约15 200株，其中繁殖个体数约4300株。

　　主要威胁　野外调查时，我们发现黄花杓兰的野生种群数量较大，分布较广，人为采集活动较少，尽管生境破碎化比较严重，但许多居群分布在保护区内，面临的威胁较小，保存较好。

　　濒危级别　本次评估结果为无危（LC），相比2017年评估结果（覃海宁等，2017a）为降级。

金效华／摄影　　　　　　　　金效华／摄影

西藏杓兰 Cypripedium tibeticum

Cypripedium corrugatum、Cypripedium lanuginosum、Cypripedium compactum、Cypripedium corrugatum var. *obesum、Cypripedium macranthon* var. *tibeticum*

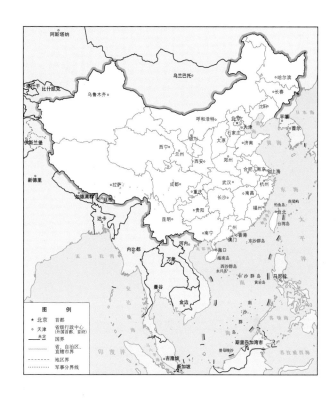

形态学特征　地生植物，植株高15～35cm。茎通常具3枚叶。叶片椭圆形、卵状椭圆形或宽椭圆形，长8～16cm，宽3～9cm。花序顶生，具1花；花梗和子房长2～3cm；花大，俯垂，紫色、紫红色或暗栗色，通常有淡绿黄色的斑纹，唇瓣的囊口周围有白色或浅色的圈；中萼片椭圆形或卵状椭圆形，长3～6cm，宽2.5～4cm；合萼片与中萼片相似；花瓣披针形或长圆状披针形，长3.5～6.5cm，宽1.5～2.5cm；唇瓣深囊状，近球形至椭圆形，长3.5～6cm；退化雄蕊卵状长圆形，长1.5～2cm，宽8～12mm，背面多少有龙骨状突起。

地理分布　西藏杓兰主要分布在亚洲亚热带湿润高山地区，包括不丹、中国、印度等。本次调查在我国甘肃、青海、四川、云南和西藏都有发现。西藏杓兰生长在透光的林下、林缘、灌木坡地、草坡或乱石地上，海拔2300～4200m。

物种现状　野生种群数量较大，分布较广，有部分人为采集活动。本次野外调查共记录样方642个，个体数约16 280株，其中繁殖个体数约4100株。

主要威胁　西藏杓兰尽管生境破碎化比较严重，但许多居群分布在保护区内，保存较好。

濒危级别　本次评估结果为无危（LC），相比2017年评估结果（覃海宁等，2017a）为不变。

石斛属 Dendrobium

石斛属本次评估45种。

兜唇石斛 *Dendrobium aphyllum*

Dendrobium cucullatum、*Limodorum aphyllum*

形态学特征　附生。茎下垂，肉质。叶2列互生于整个茎上，基部具鞘。总状花序几乎无花序轴，每1～3朵花为一束，从老茎上发出；花下垂；中萼片近披针形，长约2.3cm，宽5～6mm；侧萼片与中萼片相似、等大；萼囊狭圆锥形，长约5mm；花瓣椭圆形，长约2.3cm，宽9～10mm；唇瓣宽倒卵形或近圆形，长、宽约2.5cm，围抱蕊柱而成喇叭状，两面密布短柔毛；药帽近圆锥状，密布细乳突状毛。

地理分布　兜唇石斛主要分布在亚洲的热带北缘地区，包括中国、印度（德干高原、西北部和东北部）、尼泊尔、不丹、缅甸、老挝、越南、马来西亚等。在我国，兜唇石斛主要分布在云南（临沧、德宏州、普洱、红河州、西双版纳州等）。

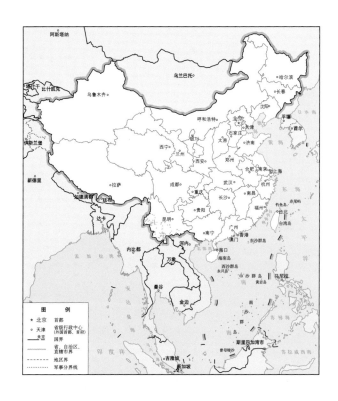

金效华／摄影

物种现状　野外记录的样方数为171个，个体数约4670株，其中繁殖个体数约1600株。

主要威胁　在野外存在大规模的人为采集现象；现代社会的高速发展使兜唇石斛生境破碎化和丧失非常严重。

濒危级别　本次评估结果为濒危（EN），主要依据A1。相比2017年评估结果（覃海宁等，2017a）为升级。

金效华／摄影

金效华／摄影

短棒石斛　丝梗石斛
Dendrobium capillipes

Callista capillipes

形态学特征　附生。茎肉质状，近扁的纺锤形，中部粗约1.5cm。叶2～4枚近茎端着生，革质，通常长10～12cm，宽1～1.5cm。总状花序从老茎中部发出，疏生2至数朵花；花金黄色；中萼片卵状披针形，长约1.2cm，中部宽约5mm；侧萼片与中萼片近等大；萼囊近长圆形；花瓣卵状椭圆形，长约1.5cm，宽约9mm；唇瓣近肾形，基部两侧围抱蕊柱并且两侧具紫红色条纹，边缘波状，两面密被短柔毛；蕊柱长约4mm；药帽多少呈塔状。

地理分布　短棒石斛主要分布在中国、印度东北部、缅甸、泰国、老挝、越南等。在我国，短棒石斛主要分布在云南（临沧、德宏州、普洱、红河州、西双版纳州等）。

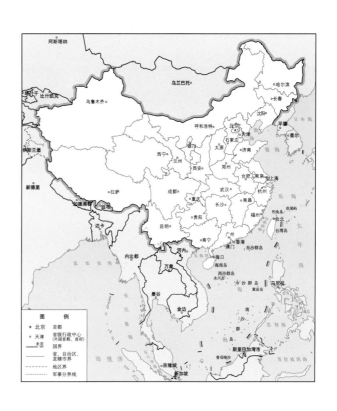

金效华 / 摄

金效华 / 摄影

物种现状　野外记录的样方数为55个，个体数约2500株，其中繁殖个体数约600株。

主要威胁　野外调查时，我们发现短棒石斛在野外存在过度的人为采集现象；现代社会的高速发展使其生境破碎化和丧失非常严重，对该物种野生居群的生存和繁殖造成了较大的影响。

濒危级别　本次评估结果为濒危（EN），主要依据A4cd。与2017年评估结果（覃海宁等，2017a）一致。

束花石斛 金兰
Dendrobium chrysanthum

Dendrobium ochreatum、*Callista chrysantha*、
Dendrobium chrysanthum var. *microphthalma*、
Dendrobium chrysanthum var. *anophthalma*

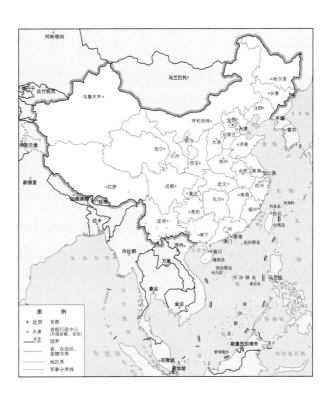

形态学特征　附生。茎粗厚，肉质。叶二列，长圆状披针形，通常长13～19cm，宽1.5～4.5cm。伞状花序，每2～6花为一束，生于具叶的茎上部；花黄色；中萼片长圆形或椭圆形；侧萼片斜卵状三角形；萼囊宽而钝；花瓣倒卵形；唇瓣不裂，肾形或横长圆形，长约18mm，宽约22mm，基部具1个长圆形的胼胝体并且骤然收狭为短爪，上面密布短毛，下面除中部以下外亦密布短毛；唇盘两侧各具1个栗色斑块；蕊柱足约6mm；药帽圆锥形，长约2.5mm。蒴果长圆柱形。

地理分布　束花石斛主要分布在中国、印度、尼泊尔、不丹、缅甸、泰国、老挝、越南等。在我国，束

金效华 / 摄影

花石斛主要分布在广西（德保、隆林、凌云、靖西、田林、南丹）、贵州（兴义、安龙、罗甸、关岭）、云南（麻栗坡、砚山、屏边、石屏、绿春、勐腊、勐海、澜沧、镇康、临沧）和西藏（墨脱）。

物种现状　野外记录的样方数为290个，个体数约6000株，其中繁殖个体数约1300株。

主要威胁　野外调查时，我们发现束花石斛在各个国家和地区都存在过度采集现象，其生境破碎化和丧失非常严重，但该物种人工种植业发展较好，扦插成活率高，在一定程度上减缓了野生种群的受威胁状况。

濒危级别　本次评估结果为易危（VU），主要依据A2ac; B1ab(i,iii,v)。与2017年评估结果（覃海宁等，2017a）一致。

金效华／摄影

线叶石斛　双斑叠石斛
Dendrobium chryseum

Dendrobium aurantiacum、*Dendrobium aurantiacum* var. *zhaojuense*、*Dendrobium clavatum* var. *aurantiacum*、*Dendrobium chryseum* var. *bulangense*、*Dendrobium rolfei*、*Dendrobium rivesii*、*Dendrobium zhaojuense*、*Aporum rivesii*

形态学特征　附生。茎圆柱形。叶革质，线形或狭长圆形，长8～10cm，宽0.4～1.4cm。总状花序侧生于落叶的茎上端，通常1～2朵花；花序柄基部套叠3～4枚鞘；鞘长5～20mm；花橘黄色；中萼片长圆状椭圆形；侧萼片长圆形；花瓣椭圆形或宽椭圆状倒卵形，长2.4～2.6cm，宽1.4～1.7cm；唇瓣近圆形，长约2.5cm，宽约2.2cm，中部以下两侧围抱蕊柱，上面密布绒毛，唇盘无任何斑块。

地理分布　线叶石斛主要分布在中国、缅甸、印度。在我国，线叶石斛主要分布在台湾（台北、桃园、南投、新竹、宜兰、花莲、台东等）、四川（峨眉山、峨边）、云南（蒙自、文山、勐海、腾冲）。

物种现状　本次全国调查野外记录的样方数为3个，个体数约140株，其中繁殖个体数约50株。我们没

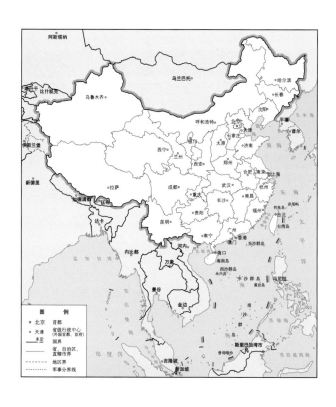

有发现该物种的野生种群，由于该物种的名称变化较多，历史分布的资料有待进一步考证。

主要威胁　物种信息不全。

濒危级别　由于信息不全，本次评估暂不确定濒危级别。

钟诗文 / 摄影

鼓槌石斛　金弓石斛
Dendrobium chrysotoxum

Dendrobium suavissimum、Dendrobium chrysotoxum var. *suavissimum、Callista chrysotoxa、Dendrobium chrysotoxum* var. *delacourii*

形态学特征　附生。茎纺锤形，中部粗1.5~5cm，具多数圆钝的条棱，近顶端具2~5枚叶。叶革质，长圆形，长达19cm，基部不下延为抱茎的鞘。总状花序近茎顶端发出；花序轴粗壮，疏生多数花；花梗和子房黄色；花金黄色；中萼片长圆形，长1.2~2cm，中部宽5~9mm；侧萼片与中萼片近等大；萼囊近球形；花瓣倒卵形，等长于中萼片，宽约为萼片的2倍；唇瓣近肾状圆形，长约2cm，宽约2.3cm，上面密被短绒毛；药帽淡黄色，尖塔状。

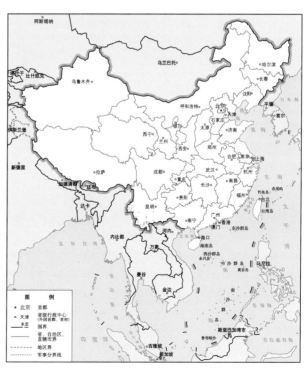

金效华/摄影

金效华/摄

地理分布 鼓槌石斛主要分布在中国、印度、缅甸、泰国、老挝、越南等。在我国，鼓槌石斛主要分布在云南（临沧、保山、德宏州、普洱、玉溪、红河州、西双版纳州等）。

物种现状 本次调查野外记录的样方数为90个，个体数约3700株，其中繁殖个体数约1400株。

主要威胁 鼓槌石斛具有重要的观赏和药用价值。野外调查时，我们发现鼓槌石斛在中国、缅甸、老挝都面临大规模人为采集压力，野外资源减少比较明显，生境破碎化和丧失非常严重。

濒危级别 本次评估结果为濒危（EN），主要依据A2ac；B1ab(i,iii,v)。相比2017年评估结果（覃海宁等，2017a）为升级。

叠鞘石斛 紫斑金兰
Dendrobium denneanum

Dendrobium aurantiacum var. *denneanum*、
Dendrobium clavatum、*Callista clavata*

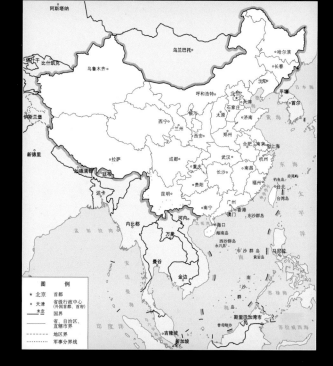

　　形态学特征　附生。茎粗壮。叶线形，长8.0～
10.0cm，宽1.8～4.5cm，基部具鞘。花序出自老茎上
端；花金黄色；唇瓣中部具1个大的褐色斑块；中萼片
长圆形至椭圆形，长23.0～25.0mm，宽10.0～15.0mm；
侧萼片长圆形；萼囊圆锥形；花瓣椭圆形，长
24.0～26.0mm，宽14.0～17.0mm；唇瓣近圆形，长约
25.0mm，宽约22.0mm，上面密布茸毛，边缘具不整齐
的细齿；蕊柱长约4.0mm。

　　地理分布　叠鞘石斛主要分布在世界亚热带地区，
包括中国、印度、尼泊尔、不丹、缅甸、泰国、老挝、
越南等。在我国，叠鞘石斛主要分布在海南（昌江）、
广西（凌云、乐业、凤山、靖西、德保、那坡）、贵州
（兴义、罗甸、平塘、安龙、关岭、惠水）、云南（屏
边、砚山、建水、勐海、凤庆、沧源、澜沧、耿马、镇
康、腾冲、贡山、丽江、维西、德钦）等。

　　物种现状　本次调查野外记录的样方数为55个，个
体数约6700株，其中繁殖个体数约380株。

　　主要威胁　叠鞘石斛是中国分布最北的石斛之一，
在中国和缅甸都存在过度采集现象；其生境破碎化和丧
失也比较严重，野生种群的生存面临较大的威胁。目
前，只有在部分悬崖还有野生种群分布。

　　濒危级别　本次评估结果为濒危（EN），主要依
据A4cd。相比2017年评估结果（覃海宁等，2017a）为
升级。

金效华／摄影

金效华／摄影

密花石斛 *Dendrobium densiflorum*

Callista densiflora

形态学特征　附生。茎粗壮，通常棒状或纺锤形，下部常收狭为细圆柱形，具4个纵棱。叶常3～4枚，近顶生，长圆状披针形，长8～17cm，宽2.6～6cm。总状花序从老茎上端发出，下垂，密生许多花；萼片和花瓣淡黄色；中萼片卵形；侧萼片卵状披针形，近等大于中萼片；萼囊近球形；花瓣近圆形，中部以上边缘具啮齿；唇瓣金黄色，圆状菱形，长1.7～2.2cm，宽达2.2cm，上面和下面的中部以上密被短绒毛；蕊柱橘黄色；药帽橘黄色。

地理分布　密花石斛主要分布在中国、尼泊尔、不丹、印度东北部、缅甸、泰国等。在我国，密花石斛主要分布在广西、海南、西藏、云南、江西。

物种现状　本次调查野外记录的样方数为268个，个体数约5060株，其中繁殖个体数约170株。

主要威胁　野外调查时，我们发现密花石斛的野生种群面临较大过度人为采集威胁，由于各种因素，其生境破碎化和丧失非常严重。该种没有人工种植，这加剧了其野生居群的受威胁状况。

濒危级别　本次评估结果为极危（CR），主要依据A4cd; B1ab(i,iii)。相比2017年评估结果（覃海宁等，2017a）为升级。

金效华/摄

金效华/摄

齿瓣石斛 *Dendrobium devonianum*

Dendrobium moulmeinense、*Callista devoniana*、*Callista moulmeinensis*、*Dendrobium devonianum* var. *rhodoneurum*、*Dendrobium pulchellum* var. *devonianum*

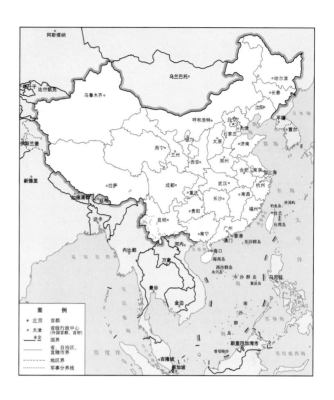

形态学特征　附生。茎下垂，细圆柱形，干后常淡褐色带污黑。叶二列互生于整个茎上，狭卵状披针形，长8～13cm，宽1.2～2.5cm；叶鞘常具紫红色斑点。总状花序出自落叶的老茎上，具1～2朵花；中萼片白色，卵状披针形，长约2.5cm，宽约9mm；侧萼片与中萼片同色；萼囊近球形，长约4mm；花瓣与萼片同色，卵形，边缘具短流苏；唇瓣白色，前部紫红色，中部以下两侧具紫红色条纹，近圆形，长约3cm，边缘具复式流苏；唇盘两侧各具1个黄色斑块；蕊柱白色，长约3mm，前面两侧具紫红色条纹；药帽近圆锥形，密布细乳突。

地理分布　齿瓣石斛主要分布在中国、不丹、印度东北部、缅甸、泰国、越南等。在我国，齿瓣石斛主要分布在广西（那坡、靖西、凌云）、西藏（墨脱、波密）、云南（临沧、德宏州、普洱、红河州、西双版纳州）等。

物种现状　野外记录的样方数为227个，个体数约4000株，其中繁殖个体数约660株。

金效华 / 摄影

金效华 / 摄影

金效华 / 摄影

主要威胁　齿瓣石斛是滇西种植非常广的一种石斛，但主要来源于野生资源。野外调查时，我们发现齿瓣石斛在中国、缅甸的野外都存在大规模目标性采集现象，同时由于公路建设、水电建设等，其生境破碎化和丧失非常严重。

濒危级别　本次评估结果为极危（CR），主要依据A4cd。相比2017年评估结果（覃海宁等，2017a）为升级。

黄花石斛 *Dendrobium dixanthum*

Callista dixantha

形态学特征　附生。茎细圆柱形。叶革质，卵状披针形，长8～11（～13）cm，宽约1cm。总状花序从落了叶的茎上发出，具2～5朵花；花序柄纤细；花梗和子房纤细，长约2cm；花黄色；中萼片长圆状披针形；侧萼片与中萼片相似；萼囊近圆筒形，长约4mm；花瓣近长圆形，长约2.3cm，宽约1cm；唇瓣深黄色，基部两侧具紫红色条纹，上面密布短毛；蕊柱长约5mm；药帽圆锥形，密布细乳突。

地理分布　黄花石斛主要分布于中国、缅甸、泰国、老挝。在我国，黄花石斛主要分布于云南（勐腊）。

物种现状　本次调查野外记录的样方数为1个，个体数约40株，其中繁殖个体数约15株。

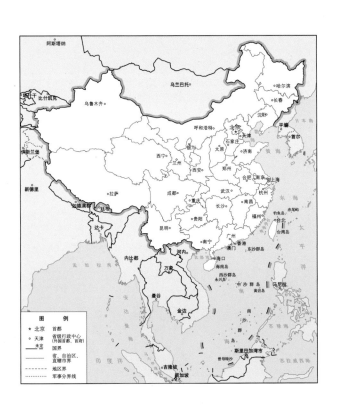

金效华 / 摄影

主要威胁　野外调查时，我们发现黄花石斛自然种群较小，且其生境破碎化和丧失非常严重，种群繁殖更新能力面临很大的困难。

濒危级别　本次评估结果为极危（CR），主要依据A1ad。相比2017年评估结果（覃海宁等，2017a）为升级。

金效华 / 摄影

梵净山石斛 Dendrobium fanjingshanense

形态学特征　附生。茎丛生，干后淡黄色带污黑色。叶矩圆形至披针形，长2～5cm，宽5～15mm。总状花序从老茎上部发出，具1～2朵花；花被片反卷，边缘波状，橙黄色；中萼片长圆形，长约2cm，宽6～7mm；侧萼片卵形至披针形；萼囊倒圆锥形，长0.8cm；花瓣近椭圆形；唇瓣长约2cm，唇盘中央具1大

的扇形斑块，密布短毛，不明显3裂；侧裂片半圆形，两侧裂片间具1条淡紫色的胼胝体；中裂片卵形，长约1cm，具1条脊突；蕊柱长约3mm。

地理分布　梵净山石斛主要分布在我国福建（武夷山）、贵州（梵净山）、浙江（九龙山）（刘菊莲，2018；Zhu *et al.*, 2009）。

物种现状　野外记录的样方数为6个，个体数约165株，其中繁殖个体数约4株。

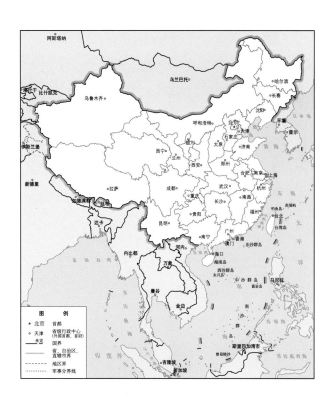

金效华 / 摄影

金效华 / 摄影

主要威胁 野外调查时，我们发现梵净山石斛自然种群较小，且存在人为采集现象。在梵净山地区野生个体数量下降非常明显。

濒危级别 本次评估结果为濒危（EN），主要依据A2c; C1。与2017年评估结果（覃海宁等，2017a）一致。

流苏石斛 Dendrobium fimbriatum

Dendrobium fimbriatum var. *oculatum*、
Dendrobium paxtonii、*Callista fimbriata*、
Callista oculata

形态学特征 附生。茎粗壮，质地硬。叶二列，革质，长圆形或长圆状披针形，长8～15.5cm，宽2～3.6cm。总状花序疏生6～12朵花；花金黄色；中萼片长圆形，长1.3～1.8cm，宽6～8mm；侧萼片卵状披针形；萼囊近圆形；花瓣长圆状椭圆形；唇瓣近圆形，基部两侧具紫红色条纹，边缘具复流苏，唇盘具1个新月形横生的深紫色斑块，上面密布短绒毛；蕊柱长约2mm，蕊柱足长约4mm；药帽黄色，圆锥形，光滑。

地理分布 流苏石斛主要分布在亚洲的热带和亚热带山地地区，包括中国、印度、尼泊尔、不丹、缅甸、泰国、越南等。在我国，流苏石斛主要分布在广西（天峨、

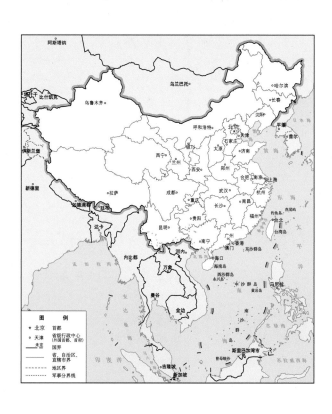

金效华/摄影

金效华/摄影

凌云、田林、龙州、天等、隆林、东兰、武鸣、靖西、南丹）、贵州（罗甸、兴义、独山）、云南（西畴、蒙自、石屏、富民、思茅、勐海、沧源、镇康）等。

物种现状　全国野生兰科植物资源专项补充调查野外记录的样方数为137个，个体数约2600株，其中繁殖个体数约830株。

主要威胁　野外调查时，流苏石斛由于生物量大、花大艳丽等原因，在野外存在被大规模采集现象；同时现代社会的高速发展使其生境破碎化和丧失非常严重。

濒危级别　本次评估结果为濒危（EN），主要依据A1acd。相比2017年评估结果（覃海宁等，2017a）为升级。

棒节石斛 蜂腰石斛
Dendrobium findlayanum

Callista findlayana

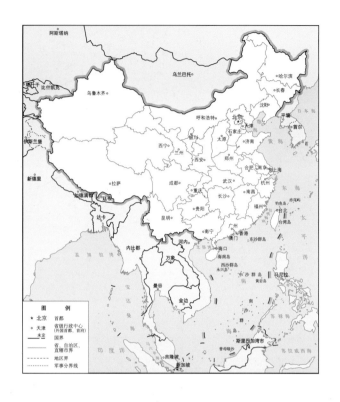

形态学特征 附生。茎节间扁棒状或棒状，长3～3.5cm。叶革质，互生于茎的上部，披针形，长5.5～8cm，宽1.3～2cm。总状花序从老茎上部发出，具2朵花；花梗和子房淡玫瑰色；花白色带玫瑰色先端；中萼片长圆状披针形；侧萼片卵状披针形，长3.5～3.7cm，宽约9mm；萼囊近圆筒形；花瓣宽长圆形，长3.5～3.7cm，宽约1.8cm；唇瓣近圆形，先端锐尖带玫瑰色，基部两侧具紫红色条纹；唇盘中央金黄色，密布短柔毛；蕊柱长约8mm；药帽白色，顶端圆钝。

地理分布 棒节石斛主要分布在中国、缅甸、泰国、老挝等。在我国，棒节石斛主要分布在云南。

物种现状 本次调查野外记录的样方数为3个，个体数约105株，没有记录到繁殖个体。

主要威胁 野外调查时，我们发现棒节石斛野生种群较小，存在人为采集现象，生境破碎化和丧失非常严重。

濒危级别 本次评估结果为濒危（EN），主要依据A1acd。与2017年评估结果（覃海宁等，2017a）一致。

金效华 / 摄

曲茎石斛 *Dendrobium flexicaule*

形态学特征　附生。茎圆柱形，稍回折状弯曲，长6～11cm。叶2～4枚，二列，近革质，长圆状披针形，长约3cm，宽7～10mm。花序从老茎上部发出，具1～2朵花；中萼片长圆形；侧萼片斜卵状披针形，与中萼片等长而较宽；萼囊圆锥形；花瓣椭圆形，长约25mm，中部宽约13mm；唇瓣淡黄色，宽卵形，长约17mm，宽约14mm，上面密布短绒毛；唇盘中部前方有1个大的紫色扇形斑块，其后有1个黄色的马鞍形胼胝体；蕊柱足长约10mm，中部具2个圆形紫色斑块并且疏生叉状毛，末端形成强烈增厚的关节；药帽近菱形，顶端深2裂。

地理分布　曲茎石斛主要分布在我国湖北（神农架地区）、湖南（衡山）、四川（甘洛）等。

物种现状　本次调查野外记录的样方数为3个，个体数约40株，记录到1个繁殖个体。

主要威胁　曲茎石斛生境破碎化和丧失非常严重，评估团队在野外没有发现曲茎石斛。目前，曲茎石斛资源已经枯竭。全国野生兰科植物资源专项补充调查记录到3次，皆为小苗，有待进一步确认。

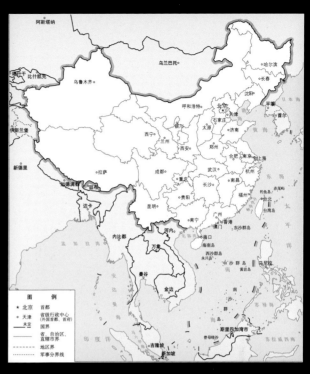

濒危级别　本次评估结果为极危（CR），主要依据A1acd; C1。与2017年评估结果（覃海宁等，2017a）一致。

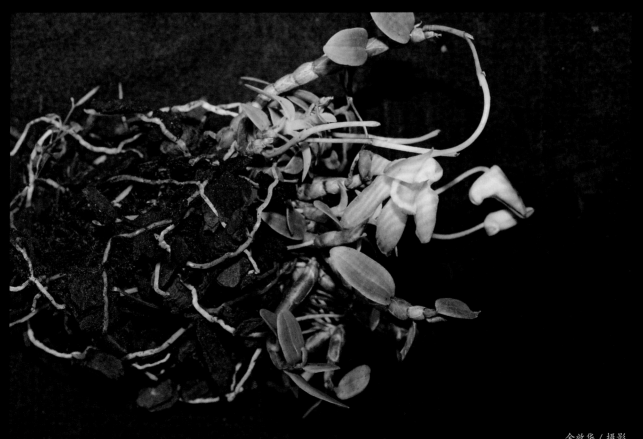

金效华 / 摄影

曲轴石斛 紫斑石斛
Dendrobium gibsonii

Dendrobium fuscatum、*Callista gibsonii*、
Dendrobium binoculare、*Callista binocularis*、
Dendrobium fimbriatum var. *gibsonii*

形态学特征 附生。茎质地硬，圆柱形，节间具纵槽。叶革质，二列互生，长圆形或近披针形，长10～15cm，宽2.5～3.5cm。总状花序出自老茎上部，常下垂；花序轴常折曲；花橘黄色，开展；中萼片椭圆形，长1.4～1.6cm，宽10～11mm，先端钝；侧萼片长圆形；萼囊近球形；花瓣近椭圆形，长1.4～1.6cm，宽8～9mm；唇瓣近肾形，长约1.5cm，宽约1.7cm；唇盘两侧各具1个圆形栗色或深紫色斑块，上面密布细乳突状毛，边缘具短流苏足；药帽淡黄色，近半球形。

地理分布 曲轴石斛主要分布在亚洲的热带北缘，包括中国、尼泊尔、不丹、印度东北部、缅甸、泰国等。在我国，曲轴石斛主要分布在广西（凌云）、云南（文山、蒙自、思茅、勐腊、景洪）等。

物种现状 本次调查野外记录的样方数为50个，个体数约700株，其中繁殖个体数约50株。

图	例
★ 北京	首都
◎ 天津	省级行政中心（外国首都、首府）
未定	国界
	省、自治区、直辖市界
------	地区界
....	军事分界线

主要威胁 野外调查时，评估团队发现曲轴石斛在野外存在采集现象，其生境破碎化和丧失非常严重。

濒危级别 本次评估结果为濒危（EN），主要依据A2c；B1ab(i,iii)。与2017年评估结果（覃海宁等，2017a）一致。

金效华 / 摄影

杯鞘石斛 *Dendrobium gratiosissimum*

Dendrobium boxallii、Dendrobium bullerianum、Callista gratiosissima、Callista boxallii

形态学特征　附生。茎悬垂，肉质，圆柱形。叶长圆形，长8～11cm，宽15～18mm。总状花序从老茎上部发出，具1～2朵花；花白色带淡紫色先端；中萼片卵状披针形，长2.3～2.5cm，宽7～8mm；侧萼片与中萼片近圆形；萼囊近球形；花瓣斜卵形，长2.3～2.5cm，宽1.3～1.4cm；唇瓣近宽倒卵形，长约2.3cm，宽约2cm，其两侧具多数紫红色条纹，唇盘中央具1个淡黄色横生的半月形斑块；蕊柱白色，长约4mm；药帽白色，近圆锥形，密生细乳突，前端边缘具不整齐的齿。

地理分布　杯鞘石斛主要分布在亚洲的热带北缘和亚热带地区，包括中国、印度东北部、缅甸、泰国、老挝、越南等。在我国，杯鞘石斛主要分布在云南。

物种现状　野外记录的样方数为45个，个体数约760株，其中繁殖个体数约110株。

主要威胁　野外调查时，评估团队发现杯鞘石斛在中国、缅甸、泰国、老挝都存在野外采集现象，其生境

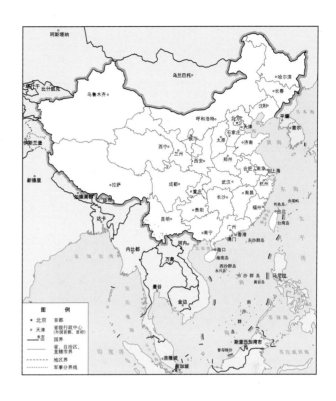

破碎化和丧失非常严重。

濒危级别　本次评估结果为濒危（EN），主要依据A2cd。相比2017年评估结果（覃海宁等，2017a）为升级。

金效华／摄影

苏瓣石斛 Dendrobium harveyanum

Callista harveyana

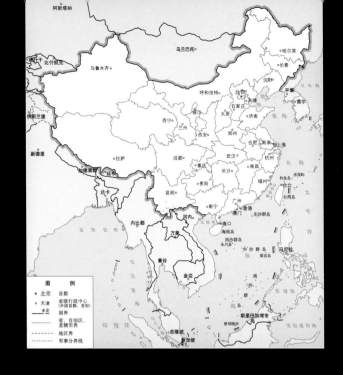

形态学特征 附生。茎纺锤形，质地硬，具多数扭曲的纵条棱。叶革质，长圆形或狭卵状长圆形，长10.5～12.5cm，宽1.6～2.6cm。总状花序纤细、下垂、疏生少数花；花金黄色；中萼片披针形，长约12mm，宽5～6mm；侧萼片卵状披针形，长约12mm，宽约7mm；萼囊近球形；花瓣长圆形，长约12mm，宽约7mm，边缘密生长流苏；唇瓣近圆形，宽约2cm，基部收狭为短爪，边缘具复式流苏；唇盘密布短绒毛；蕊柱长约4mm；药帽近圆锥形，前端边缘具不整齐的齿。

地理分布 苏瓣石斛主要分布在中国、缅甸、泰国、越南、老挝等。在我国，苏瓣石斛主要分布在云南（德宏州、普洱、红河州、西双版纳州）。

物种现状 本次调查野外记录的样方数为11个，个体数约880株，其中繁殖个体数约520株。

主要威胁 野外调查时，评估团队发现苏瓣石斛在中国、缅甸、泰国、老挝都存在野外采集现象，其生境破碎化和丧失非常严重。

濒危级别 本次评估结果为濒危（EN），主要依据A2acd; B1ab(ii,iii)。与2017年评估结果（覃海宁等，2017a）一致。

金效华 / 摄影

疏花石斛 *Dendrobium henryi*

Dendrobium evaginatum、*Grastidium daoense*、*Dendrobium daoense*

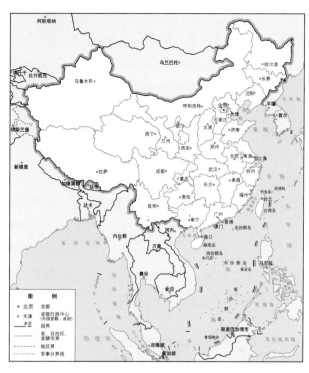

形态学特征　附生。茎圆柱形。叶二列，长圆形或长圆状披针形，长8.5～11cm，宽1.7～3cm。总状花序出自老茎中部，具1～2朵花；花序柄几乎与茎交成直角而伸展；花梗和子房长约2cm；花金黄色；中萼片卵状长圆形，长2.3～3cm，宽10～12mm；侧萼片卵状披针形，长2.3～3cm，宽10～12mm；萼囊宽圆锥形；花瓣稍斜宽卵形；唇瓣近圆形，长2～3cm，两侧围抱蕊柱，边缘具不整齐的细齿；唇盘密布细乳突；药帽圆锥形，长约2mm，密布细乳突，前端边缘多少具不整齐的细齿。

地理分布　疏花石斛主要分布在中国、泰国、越南、缅甸、老挝等。在我国，疏花石斛主要分布在贵州（兴义）、湖南（江永）、广西（马山、上林、罗城、融水）、云南（西畴、屏边、蒙自、河口、思茅、勐海）等。

物种现状　本次调查野外记录的样方数为62个，个体数约2100株，其中繁殖个体数约530株。

主要威胁　野外调查时，评估团队发现疏花石斛在中国、缅甸、泰国、老挝都存在野外采集现象，其生境破碎化和丧失非常严重。

濒危级别　本次评估结果为濒危（EN），主要依据A2cd。相比2017年评估结果（覃海宁等，2017a）为升级。

金效华／摄影

重唇石斛 Dendrobium hercoglossum

Dendrobium wangii、*Dendrobium hercoglossum* var. *album*、*Dendrobium poilanei*、*Dendrobium vexans*、*Callista annamensis*、*Callista hercoglossa*、*Callista vexans*

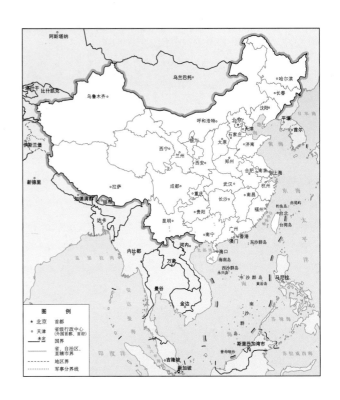

形态学特征　附生。茎下垂。叶薄革质，狭长圆形或长圆状披针形，先端钝并且不等侧2圆裂。总状花序从落了叶的老茎上发出，常具2~3朵花；花开展，萼片和花瓣淡粉红色；中萼片卵状长圆形，长1.3~1.8cm，宽5~8mm；侧萼片稍斜卵状披针形；花瓣倒卵状长圆形，长1.2~1.5cm，宽4.5~7mm；唇瓣白色，长约1cm；后唇半球形，前端密生短流苏，内面密生短毛；前唇淡，较小，三角形，急尖，无毛；蕊柱白色，长约4mm；蕊柱齿三角形；药帽紫色，半球形。

地理分布　重唇石斛主要分布在亚洲亚热带地区，包括中国、缅甸、泰国、老挝、越南、马来西亚等。在我国，重唇石斛主要分布在安徽（霍山）、广东（信宜）、湖南（江华）、海南（三亚、保亭、昌江）、广西（东兴、凌云、西林、龙胜、金秀、桂平、永福、阳朔、融水、平乐、南丹、隆林、马山等）、贵州（兴义、罗甸、册亨）、江西（全南）、云南（屏边、金平、文山）等。

物种现状　野外记录的样方数为87个，个体数约3160株，其中繁殖个体数约160株。

主要威胁　野外调查时，评估团队发现重唇石斛在中国、缅甸、泰国、老挝都存在过度采集现象，其生境破碎化和丧失非常严重。

濒危级别　本次评估结果为濒危（EN），主要依据A2cd。相比2017年评估结果（覃海宁等，2017a）为升级。

尖刀唇石斛 *Dendrobium heterocarpum*

Dendrobium minahassae、*Dendrobium atractodes*、*Dendrobium aureum*、*Callista aurea*、*Callista heterocarpa*

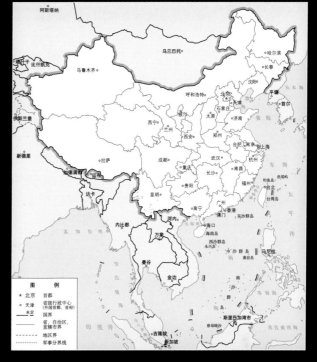

形态学特征 附生。茎厚肉质，基部收狭，多少呈棒状，节多少肿大。叶革质，长圆状披针形。总状花序出自老茎上端，具1~4朵花；萼片和花瓣银白色或奶黄色；中萼片长圆形，长2.7~3cm；侧萼片斜卵状披针形；萼囊圆锥形；花瓣卵状长圆形，长2.5~2.8cm，宽9~10mm；唇瓣卵状披针形；侧裂片黄色带红色条纹，直立，中部向下反卷；中裂片银白色或奶黄色，上面密布红褐色短毛；蕊柱白色，长约3mm，具黄色的蕊柱足；药帽圆锥形，密布细乳突。

地理分布 尖刀唇石斛主要分布在亚洲的热带北缘和亚热带地区，包括中国、斯里兰卡、印度、尼泊尔、不丹、缅甸、泰国、老挝、越南、菲律宾、马来西亚、印度尼西亚等。在我国，尖刀唇石斛主要分布在云南（临沧、保山、德宏州、普洱、玉溪、西双版纳州、红河州等）。

物种现状 本次调查野外记录的样方数为33个，个体数约520株，其中繁殖个体数约70株。

主要威胁 野外调查时，评估团队发现尖刀唇石斛在中国、缅甸、泰国、老挝都存在过度采集现象，生境破碎化和丧失非常严重。

濒危级别 本次评估结果为濒危（EN），主要依据A2cd。相比2017年评估结果（覃海宁等，2017a）为升级。

金效华／摄影

金耳石斛 **Dendrobium hookerianum**

Dendrobium fimbriatum var. *bimaculosum*、
Callista hookeriana

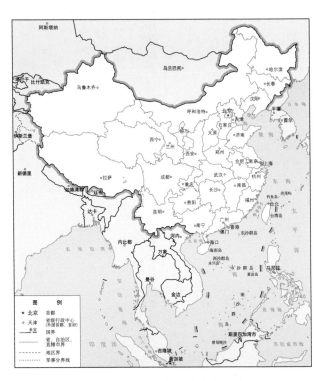

形态学特征　附生。茎质地硬。叶卵状披针形或长圆形，长7～17cm，宽2～3.5cm。总状花序生于老茎中部；花序柄通常与茎交成90°向外伸；花金黄色；中萼片椭圆状长圆形，长2.4～3.5cm，宽9～16cm；侧萼片长圆形，长2.4～3.5cm，宽9～16mm；花瓣长圆形，长2.4～3.5cm；唇瓣近圆形，宽2～3cm，边缘具复式流苏，上面密布短绒毛；唇盘两侧各具1个紫色斑块，爪上具1枚胼胝体；蕊柱长约4mm。

地理分布　金耳石斛主要分布在亚洲的热带北缘和亚热带地区，包括中国、印度等。在我国，金耳石斛主要分布在西藏（墨脱、波密、林芝）、云南（贡山、怒江河谷、腾冲）等。

物种现状　本次调查野外记录的样方数为79个，个体数约860株，其中繁殖个体数约190株。

主要威胁　野外调查时，评估团队发现金耳石斛作为花卉存在人为采集现象，但生境保护较好。

濒危级别　本次评估结果为近危（NT）。相比2017年评估结果（覃海宁等，2017a）为降级。

金效华／摄影

金效华 / 摄影

霍山石斛 Dendrobium huoshanense

形态学特征　附生。茎长3～9cm。叶革质，舌状长圆形。总状花序从老茎上部发出，具1～2朵花；花苞片浅白色带栗色斑块；花淡黄绿色；中萼片卵状披针形，长12～14mm，宽4～5mm；侧萼片镰状披针形，长12～14mm，宽5～7mm；花瓣卵状长圆形，长12～15mm，宽6～7mm；唇瓣近菱形，长和宽约相等，基部具1个胼胝体，两侧裂片之间密生短毛，近基部处密生长白毛；中裂片半圆状三角形，先端近钝尖，基部密生长白毛并且具1个黄色横椭圆形的斑块；蕊柱具长约7mm的蕊柱足；蕊柱足基部密生长白毛；药帽绿白色，近半球形，长约1.5mm，顶端微凹。

地理分布　霍山石斛是我国特有种，主要分布在我国大别山地区，包括安徽、河南等。

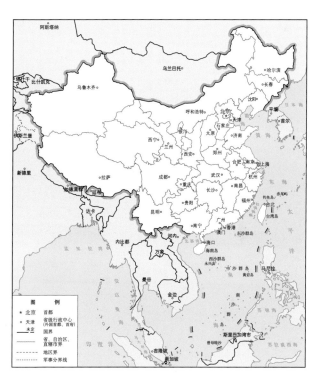

金效华 / 摄影

物种现状　全国野生兰科植物资源专项补充调查设置的样方中没有发现霍山石斛；根据保护区照片资料，发现1个野生种群，个体数约200株，其中繁殖个体数不少于20株。国家中医药管理局近期开展的全国药用植物资源调查中，没有发现其他的野生居群。

主要威胁　野生植株面临较大的人为采集压力。

濒危级别　本次评估结果为极危（CR），主要依据A4cd; C1; D1。本种在2017年的《中国高等植物受威胁物种名录》中没有进行评估。

小黄花石斛 *Dendrobium jenkinsii*

Dendrobium aggregatum var. *jenkinsii*、
Dendrobium marseillei、*Callista aggregata*
var. *jenkinsii*

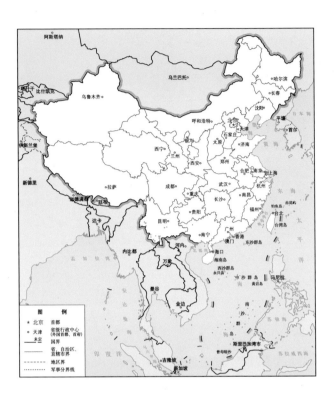

形态学特征　附生。茎假鳞茎状，卵形，压扁，具2或3节，具1叶。叶长1～3cm，宽0.5～0.8cm。花序生于假鳞茎的侧面，具1～3朵花；花黄橙色；中萼片长圆形至椭圆形，长10～12mm，宽5～6mm，先端钝；侧萼片狭卵形至椭圆形；花瓣椭圆形、卵形至圆形，长1～1.6cm，宽0.5～0.9cm；唇瓣倒心形，长1.5～2.2cm，宽1.7～2.8cm，上面具短柔毛；蕊柱长约6mm。

地理分布　小黄花石斛主要分布于中国、不丹、印度、缅甸、泰国、老挝。在我国，小黄花石斛主要分布于云南（保山、德宏州、普洱、楚雄州、玉溪、西双版纳州）等。

金效华／摄影

物种现状　本次调查野外记录样方为48个，个体数约7560株，其中繁殖个体数约2890株。

主要威胁　野外调查时，评估团队发现小黄花石斛的野生种群分布在多个国家级和省级自然保护区内，面临人为采集的压力较小。

濒危级别　本次评估结果为近危（NT）。与2017年评估结果（覃海宁等，2017a）一致。

金效华／摄影

广东石斛 *Dendrobium kwangtungense*

形态学特征　附生。茎细圆柱形，干后淡黄色带污黑色。叶互生于茎的上部，长圆形，长3～6cm，宽8～12（～15）mm。总状花序从老茎上部发出，具1或2朵花；花乳白色，唇瓣基部黄色；中萼片狭卵形至长圆状；侧萼片斜披针形；花瓣倒卵形至椭圆形，长约4.5cm，宽约1cm；唇瓣倒卵形，长约3cm，宽约2cm，中央具1个胼胝体；胼胝体被毛；蕊柱长3～4mm；蕊柱足长约1cm；药帽近半球形，密布细乳突；花粉块4。

地理分布　广东石斛是我国特有种，主要分布在华

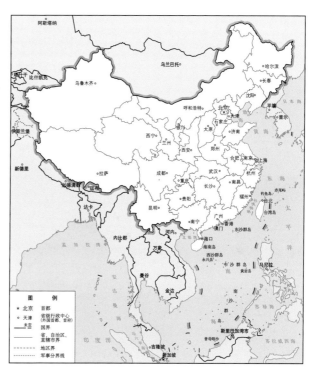

金效华／摄影

南和西南地区山地雨林中，包括广西、广东、四川、云南等。

物种现状　本次调查野外记录样方为17个，个体数约880株，其中繁殖个体数约140株。

主要威胁　广东石斛历史上只有2次标本采集记录和1次文献记录，物种数量少且面临生境破碎化的威胁。

濒危级别　本次评估结果为极危（CR），主要依据A1acd; C1。本种在2017年的《中国高等植物受威胁物种名录》中没有进行评估。

美花石斛 粉花石斛
Dendrobium loddigesii

Dendrobium loddigesii var. *album*、*Callista loddigesii*

形态学特征 附生。茎柔弱，常下垂，细圆柱形。叶二列，互生于整个茎上，长圆状披针形或稍斜长圆形，通常长2～4cm，宽1～1.3cm。花白色或紫红色，每束1～2朵侧生于老茎上部；中萼片卵状长圆形，长1.7～2cm，宽约7mm；侧萼片披针形，长1.7～2cm，宽6～7mm；花瓣椭圆形；唇瓣近圆形，直径1.7～2cm，上面中央金黄色；药帽近圆锥形，密布细乳突状毛。

地理分布 美花石斛主要分布在中国、越南、老挝等。在我国，美花石斛主要分布在广西（那坡、融水、凌云、龙州、永福、东兰、靖西、隆林等）、广东（罗浮山）、海南（白沙）、贵州（罗甸、兴义、关岭）、云南（思茅、勐腊）等。

物种现状 野外记录的样方数为253个，个体数约13 680株，其中繁殖个体数约880株。

主要威胁 野外调查时，评估团队发现美花石斛在中国、老挝都存在过度采集现象，其生境破碎化和丧失非常严重，但美花石斛附生位置高，抗干扰能力强，野外资源相对较多。

濒危级别 本次评估结果为易危（VU），主要依据A2ad。与2017年评估结果（覃海宁等，2017a）一致。

金效华/摄影

罗河石斛 细黄草
Dendrobium lohohense

形态学特征　附生。茎质地稍硬，圆柱形，上部节上常生根并分出新枝条。叶二列，长圆形，长3～4.5cm，宽5～16mm。总状花序减退为单朵花，侧生于具叶的茎端或叶腋；花蜡黄色，开展；中萼片椭圆形，长约15mm，宽约9mm；侧萼片斜椭圆形；花瓣椭圆形，长约17mm，宽约10mm；唇瓣不裂，倒卵形，长约20mm，宽约17mm；蕊柱顶端两侧各具2个蕊柱齿；药帽近半球形，光滑。

地理分布　罗河石斛主要分布在湖北（巴东）、湖南（黔阳、沅陵、花垣、石门）、广东（连州）、广西（凌云、容县、乐业、永福、德保）、重庆（南川）、贵州（兴义、惠水、沿河、罗甸、六盘水、锦屏、独山）、云南（西畴）等。

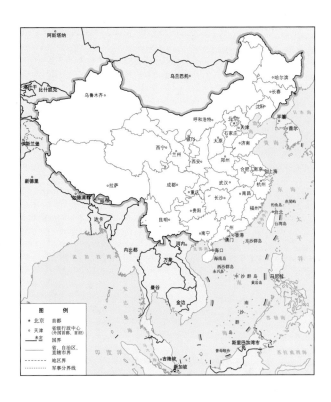

金效华 / 摄影

物种现状　本次调查野外记录的样方数为32个，个体数约2020株，其中繁殖个体数约370株。

主要威胁　野外调查时，评估团队发现罗河石斛存在人为过度采集现象，其生境破碎化和丧失非常严重。

濒危级别　本次评估结果为濒危（EN），主要依据A1acd。与2017年评估结果（覃海宁等，2017a）一致。

金效华／摄影

罗氏石斛 Dendrobium luoi

形态学特征　附生，植株矮小。假鳞茎狭卵形。叶卵状狭椭圆形或狭长圆形，长1.1～2.2cm，宽4～5mm。花序生于老茎上部，单花；花瓣淡黄色；唇瓣淡黄色，具紫褐色斑块；中萼片狭卵状椭圆形，长8～9mm，宽3～4mm；侧萼片卵状三角形，长11～12mm，宽11～12mm；花瓣狭椭圆形，长8～9mm，宽3～4mm；唇瓣倒卵状匙形，不裂，长1.7～1.8cm，宽6～7mm，中央具3条粗厚脉纹状褶片；褶片密具乳突状毛，唇盘上部具乳突状短毛。蕊柱长2～2.5mm；蕊柱足长1.0～1.2cm。

地理分布　罗氏石斛主要分布在我国福建（屏南、政和、建宁）、湖南（新宁）、广西（上思）等。

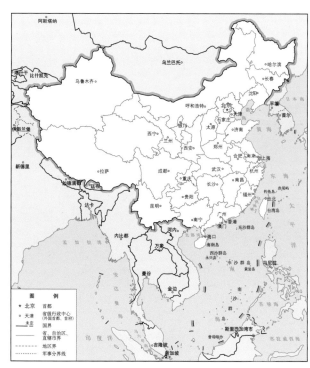

陈炳华／摄影

物种现状　本次调查记录15个样方，个体数约7000株，其中繁殖个体数约4440株。

主要威胁　罗氏石斛主要生在透光性好的"风水林"中大树上，其生境破碎化和丧失非常严重。

濒危级别　本次评估结果为濒危（EN），主要依据B1ab(i,iii,iv); E。本种为2016年发表的物种（Deng et al.，2016），在2017年的《中国高等植物受威胁物种名录》中没有进行评估。

细茎石斛　台湾石斛、清水山石斛、铜皮石斛
Dendrobium moniliforme

Dendrobium monile、*Dendrobium candidum*、
Epidendrum monile、*Callista moniliforme*、
Dendrobium nienkui、*Epidendrum*
moniliforme、*Dendrobium crispulum*、
Dendrobium heishanense、*Dendrobium*
zonatum、*Dendrobium kosepangii*、*Dendrobium*
yunnanense、*Dendrobium castum*、*Dendrobium*
tosaense var. *chingshushanianum*、*Dendrobium*
japonicum、*Dendrobium taiwanianum*、
Dendrobium spathaceum、*Callista spathacea*、
Callista moniliformis、*Callista candida*、
Limodorum monile、*Callista japonica*

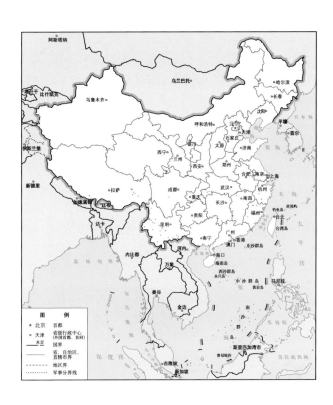

形态学特征　附生。茎细圆柱形，干后淡黄色带
污黑色。叶二列，互生于茎的上部，狭长圆形，长3～5
（～7）cm，宽6～12（～15）mm；叶鞘革质。总状花

金效华／摄影

序从落了叶的老茎上部发出，具1~2朵花；花乳白色；中萼片长圆状披针形；侧萼片三角状披针形；萼囊半球形；花瓣近椭圆形；唇瓣卵状披针形，基部楔形，其中央具1个胼胝体；侧裂片半圆形；中裂片卵形；唇盘中央具1个黄绿色的斑块，密布短毛；蕊柱长约4mm；蕊柱足内面常具淡紫色斑点；药帽近半球形，密布细乳突。

地理分布　细茎石斛主要分布在亚洲亚热带地区，包括中国、缅甸、印度东北部、朝鲜半岛南部、日本等。在我国，细茎石斛主要分布在福建（德化）、贵州（习水、梵净山）、湖北（咸丰、巴东、利川、鹤峰）、湖南（桑植、安化、石门）、广东（乐昌、阳山、信宜）、广西（金秀、武鸣）、四川（峨眉山、雷坡、洪雅）、云南（思茅）、西藏（波密、墨脱、察隅、亚东）等。

物种现状　本次调查野外记录的样方数为215个，个体数约19 000株，其中繁殖个体数约3270株。

主要威胁　野外调查时，评估团队发现细茎石斛在中国、缅甸都存在过度采集现象，其生境破碎化和丧失非常严重，但野生资源数量较多。

濒危级别　本次评估结果为易危（VU），主要依据A1ad。相比2017年评估结果（覃海宁等，2017a）为升级。

金效华／摄影

金效华／摄影

金效华／摄影

藏南石斛 Dendrobium monticola

Dendrobium eriiflorum、Dendrobium roylei、Dendrobium alpestre、Dendrobium pusillum、Callista alpestris

形态学特征 附生，植株矮小。茎肉质，长达10cm。叶二列互生于整个茎上，狭长圆形，长25～45mm，宽5～6mm。总状花序顶生；花白色；中萼片狭长圆形；侧萼片镰状披针形，长7～9mm，宽约3.5mm；花瓣狭长圆形，长6～8mm，宽约1.8mm；唇瓣近椭圆形，长5.5～6.5mm，宽3.5～4.5mm；侧裂片直立；中裂片卵状三角形，边缘鸡冠状皱褶；唇盘中央具2～3条褶片连成一体的脊突；蕊柱长3mm，中部较粗；蕊柱足长约5mm，具紫红色斑点，边缘密被细乳突。

地理分布 藏南石斛主要分布在亚洲的热带北缘和亚热带地区，包括中国、印度、尼泊尔、泰国等。在我国，藏南石斛主要分布在云南（陇川、梁河）、西藏（定结）等。

物种现状 野外记录的样方数为18个，个体数约1030株，其中繁殖个体数约590株。

主要威胁 野外调查时，评估团队发现藏南石斛等草叶组石斛属植物存在目标定向性的采集现象，同时由于现代种植业的发展，其生境破碎化和丧失非常严重。

濒危级别 本次评估结果为极危（CR），主要依据A1acd; B1ab(i,iv)。相比2017年评估结果（覃海宁等，2017a）为升级。

评妮人摄影

杓唇石斛 Dendrobium moschatum

Epidendrum moschatum、*Dendrobium calceolaria*、*Dendrobium cupreum*、*Cymbidium moschatum*、*Callista moschata*、*Callista calceolaria*、*Thicuania moschata*、*Dendrobium moschatum* var. *unguipetalum*、*Dendrobium moschatum* var. *cupreum*

形态学特征 附生。茎粗壮，质地较硬。叶革质，二列互生，长圆形至卵状披针形，长10～15cm，宽1.5～3cm。总状花序出自老茎顶端，下垂；花深黄色；中萼片长圆形，长2.4～3.5cm，宽1.1～1.4cm；侧萼片长圆形，先端稍锐尖；萼囊圆锥形；花瓣斜宽卵形，长2.6～3.5cm，宽1.7～2.3cm；唇瓣圆形，边缘内卷而形成杓状，长约2.4cm，宽约2.2cm，上面密被短柔毛，下面无毛；唇盘基部两侧各具1个浅紫褐色的斑块；蕊柱黄色；药帽紫色，圆锥形，上面光滑。

地理分布 杓唇石斛主要分布在亚洲的热带北缘及亚热带地区，包括中国、尼泊尔、不丹、印度、缅甸、泰国、老挝、越南等。在我国，杓唇石斛主要分布在云南南部和西部，包括德宏州、红河州等。

物种现状 野外记录的样方数为15个，个体数约880株，其中繁殖个体数约200株。

主要威胁 野外调查时，评估团队在中国没有发现野生的杓唇石斛；在缅甸，该种野生居群基本消失，被大规模采集和移栽到农户家中。杓唇石斛生境破碎化和丧失非常严重。

濒危级别 本次评估结果为极危（CR），主要依据A4cd。相比2017年评估结果（覃海宁等，2017a）为升级。

石斛　金钗石斛
Dendrobium nobile

Dendrobium formosanum、*Dendrobium nobile* var. *formosanum*、*Dendrobium nobile* var. *nobilus*、*Dendrobium lindleyanum*、*Dendrobium coerulescens*、*Callista nobilis*、*Dendrobium nobile* f. *nobilius*、*Dendrobium nobile* var. *alboluteum*、*Dendrobium nobile* var. *nobilius*、*Dendrobium jiaolingense*

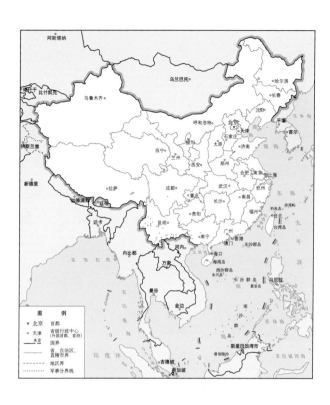

形态学特征　附生。茎肉质状肥厚，基部明显收狭。叶革质，长圆形，基部具抱茎的鞘。总状花序从老茎中部以上发出；花白色带淡紫色先端；中萼片长圆形，长2.5～3.5cm，宽1～1.4cm；侧萼片相似于中萼片；花瓣长2.5～3.5cm，宽1.8～2.5cm；唇瓣宽卵形，长2.5～3.5cm，宽2.2～3.2cm，两面密布短绒毛；唇盘中央具1个紫红色大斑块；蕊柱绿色，长约5mm，具绿色的蕊柱足；药帽紫红色，圆锥形。

金效华　摄影

金效华／摄影

地理分布　石斛主要分布在世界热带山地和亚热带地区，包括中国、印度、尼泊尔、不丹、缅甸、泰国、老挝、越南等。在我国，石斛主要分布在湖北（宜昌）、香港、海南（白沙）、广西（平南、兴安、金秀、靖西）、四川（长宁、峨眉山、乐山）、贵州（赤水、习水、罗甸、兴义、三都）、台湾、西藏（墨脱）、云南（富民、石屏、沧源、勐腊、勐海、思茅、怒江河谷、贡山）等。

物种现状　野外记录的样方数为162个，个体数约5290株，其中繁殖个体数约420株。

主要威胁　野外调查时，评估团队发现石斛在中国存在过度采集现象，由于现代种植业的发展、修路等，使石斛生境破碎化和丧失非常严重；但在缅甸等国家，野生石斛资源异常丰富。

濒危级别　本次评估结果为易危（VU），主要依据A2acd。与2017年评估结果（覃海宁等，2017a）一致。

铁皮石斛　云南铁皮、黑节草
Dendrobium officinale

形态学特征　附生。茎圆柱形。叶长圆状披针形，叶鞘常具紫斑。总状花序常从老茎发出；萼片和花瓣黄绿色，长圆状披针形，长约1.8cm，宽4～5mm；侧萼片基部较宽阔，宽约1cm；唇瓣白色，基部具1个绿色或黄色的胼胝体，卵状披针形，中部以下两侧具紫红色条纹；唇盘密布细乳突状的毛，并且在中部以上具1个紫红色斑块；蕊柱黄绿色，长约3mm，先端两侧各具1个紫点；蕊柱足黄绿色带紫红色条纹；药帽白色，长卵状三角形，顶端近锐尖并且2裂。

地理分布　铁皮石斛主要分布在日本和中国。在我国，铁皮石斛主要分布在安徽（歙县、祁门）、福建（宁化）、广西（天峨）、四川（峨眉山）、台湾、浙江（鄞州、天台、仙居）、云南（石屏、文山、麻栗坡、西畴）等。

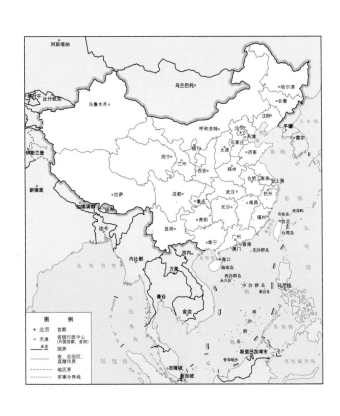

物种现状　本次调查野外记录的样方数为57个，个体数约1290株，其中繁殖个体数约240株。

主要威胁　野外调查时，评估团队发现野生铁皮石斛资源基本枯竭。铁皮石斛作为传统中药材，人为采集比较严重，生境破碎化和丧失非常严重。目前，铁皮石斛大规模人工繁殖非常成功，仿野生栽培取得成功，这在很大程度上减缓了铁皮石斛的濒危程度。

濒危级别　本次评估结果为易危（VU），主要依据A2cd。相比2017年评估结果（覃海宁等，2017a）为降级。

金效华／摄影

金效华／摄影

肿节石斛 Dendrobium pendulum

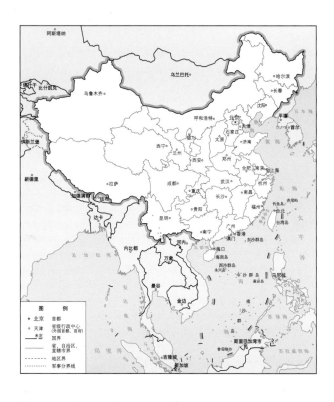

形态学特征　附生。茎肉质状肥厚，节肿大呈算盘珠子样。叶长圆形，长9～12cm，宽1.7～2.7cm。总状花序出自老茎上部，具1～3朵花；花白色，上部紫红色；中萼片长圆形，长约3cm，宽约1cm；侧萼片与中萼片等大；萼囊紫红色；花瓣阔长圆形，长约3cm，宽约1.5cm；唇瓣白色，中部以下金黄色，上部紫红色，近圆形，长约2.5cm，两面被短绒毛；蕊柱长约4mm。

地理分布　肿节石斛主要分布在中国、印度、缅甸、泰国、越南、老挝等。在我国，肿节石斛主要分布在云南（大理州、德宏州、普洱、西双版纳州等）。

物种现状　本次调查野外记录的样方数为14个，个体数约290株，其中繁殖个体数约108株。

金效华／摄影

主要威胁　野外调查时，评估团队发现肿节石斛存在过度人为采集现象。由于橡胶种植业的发展等原因，肿节石斛生境破碎化和丧失非常严重。

濒危级别　本次评估结果为濒危（EN），主要依据A1acd。与2017年评估结果（覃海宁等，2017a）一致。

金效华/摄影

金效华/摄影

单葶草石斛
Dendrobium porphyrochilum

形态学特征　附生。茎圆柱形或狭长的纺锤形。叶二列互生，狭长圆形，长达4.5cm，宽6～10mm。总状花序单生于茎顶，高出叶外；花金黄色或萼片和花瓣淡绿色带红色脉纹；中萼片狭卵状披针形，长8～9mm，宽1.8～2mm；侧萼片狭披针形；萼囊近球形；花瓣狭椭圆形，长6.5～7mm，宽约1.8mm；唇瓣暗紫褐色，边缘为淡绿色，近菱形或椭圆形，唇盘中央具3条多少增厚的纵脊；蕊柱白色带紫，长约1mm；蕊柱足长约1.4mm；药帽半球形，光滑。

地理分布　单葶草石斛主要分布在中国、尼泊尔、不丹、印度、缅甸、泰国等。在我国，单葶草石斛主要分布在云南（临沧、保山、大理州、德宏州、文山州、普洱、西双版纳州等）。

物种现状　本次调查野外记录的样方数为50个，个体数约1720株，其中繁殖个体数约710株。

主要威胁　野外调查时，评估团队发现单葶草石斛存在目标定向性采集现象，且生境破碎化和丧失非常严重。

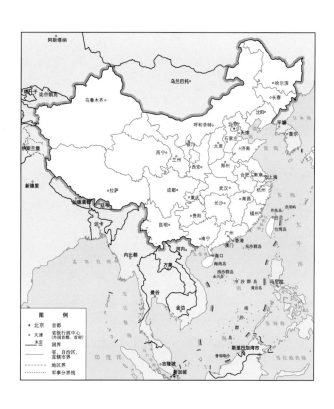

濒危级别　本次评估结果为濒危（EN），主要依据A1acd。与2017年评估结果（覃海宁等，2017a）一致。

金效华／摄影

金效华／摄影

金效华／摄影

滇桂石斛 *Dendrobium scoriarum*

Dendrobium guangxiense、*Dendrobium mitriferum*

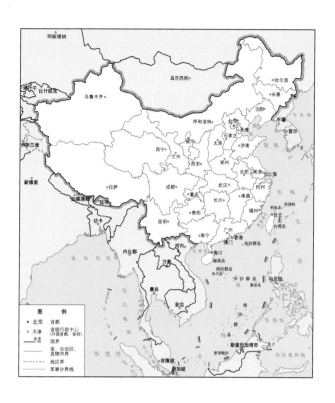

形态学特征　附生。茎圆柱形。叶二列，长圆状披针形，长3~4cm，宽7~9mm。总状花序出自老茎上部，1~3朵花；萼片淡黄白色或白色，近基部稍带黄绿色；中萼片卵状长圆形，长13~16mm，宽5~5.5mm；侧萼片斜卵状三角形；花瓣近卵状长圆形，长12~16mm，宽5.5~6mm；唇瓣白色或淡黄色，宽卵形，长11~14mm，宽9~11mm；唇盘在中部前方具1个大的紫红色斑块并且密布绒毛，其后方具1个黄色马鞍形的胼胝体；蕊柱长约4mm；蕊柱足上半部生有许多先端紫色的毛，中部具1个茄紫色的斑块；药帽紫红色，近椭圆形，顶端深2裂，裂片尖齿状。

地理分布　滇桂石斛主要分布在亚洲的热带北缘及亚热带地区，包括中国、越南等。在我国，滇桂石斛主

全效华 / 摄影

要分布在广西、贵州（兴义）、云南（文山、西畴、河口、腾冲）等。

物种现状　本次调查野外记录的样方数为9个，个体数约20株，其中繁殖个体数约7株。

主要威胁　野外调查时，评估团队发现滇桂石斛存在过度人为采集现象，野生资源枯竭，生境破碎化和丧失非常严重。

濒危级别　本次评估结果为极危（CR），主要依据A1acd; B1ab(i,iii,iv)。与2017年评估结果（覃海宁等，2017a）一致。

金效华 / 摄影

始兴石斛 Dendrobium shixingense

形态学特征　附生。茎聚生。叶生茎上端，长圆形至披针形，长3.0～6.0cm，宽1.0～1.5cm。花序从老茎长出，具1～3朵花；花白色，萼片和花瓣上端粉红色，唇瓣上具1个扇形的紫斑；中萼片卵形至披针形，长约20.0mm，宽约7.0mm；侧萼片呈偏斜的卵形至披针形，长约20.0mm，宽约10.0mm；花瓣椭圆形，长约20.0mm，宽约13.0mm；唇瓣宽卵形，长约15.0mm，宽约8.0mm，上面密被毛，后方具1个舌状的胼胝体；蕊柱长约4.0mm；蕊柱足长约9.0mm，中间具粉色长毛；蕊柱齿2个。

地理分布　始兴石斛是我国特有种，主要分布在我国广东、江西及湖南丹霞地貌区域，营养体特征与铁皮石斛非常相近，在分布区被视作铁皮石斛进行采集和交易。

物种现状　野外记录的样方数为4个，个体数约66株，没有记录到繁殖个体。

主要威胁　2015年，评估团队对始兴石斛开展了为期15天的专项调查，发现野外采集非常严重，评估团队只发现2个成株和一些幼苗。

濒危级别　考虑到物种分布狭窄、个体数量稀少和生境破碎化，本次评估结果为极危（CR），主要依据A1acd; B1ab(i,iii,iv); C1。本种为2010年发表的物种（Chen et al.，2010），在2017年的《中国高等植物受威胁物种名录》中没有进行评估。

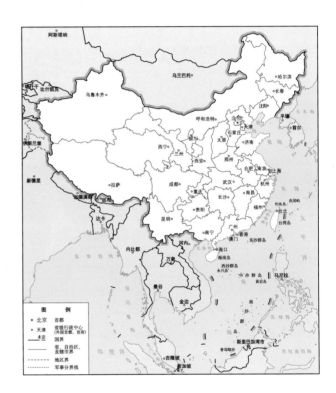

金效华 / 摄影

华石斛 Dendrobium sinense

形态学特征　附生。叶二列互生，长圆形，长2.5～4.5cm，宽6～11mm，幼时两面被黑色毛；叶鞘被黑色粗毛。花单生茎上端，白色；中萼片卵形，长约2cm，宽7～9mm；侧萼片斜三角状披针形；萼囊宽圆锥形，长约1.3cm；花瓣近椭圆形；唇瓣的整体轮廓为倒卵形，长达3.5cm，3裂；侧裂片近扇形；中裂片扁圆形，先端紫红色，2裂；唇盘具5条纵贯的褶片；褶片红色，在中部呈小鸡冠状；蕊柱长约5mm；蕊柱齿大，三角形；药帽近倒卵形，顶端微2裂，被细乳突。

地理分布　华石斛主要分布在中国、越南。在

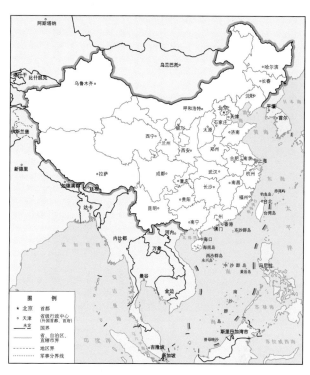

我国，华石斛主要分布在海南（保亭、乐东、白沙、琼中）。

物种现状　本次调查野外记录的样方数为47个，个体数约1770株，其中繁殖个体数约3株，至少在7个自然保护区内有分布。

主要威胁　野外调查时，评估团队发现华石斛主要分布于自然保护区内，其野生种群受到较为良好的保护，受人为采集压力小，生境较好。

濒危级别　本次评估结果为无危（LC）。相比2017年评估结果（覃海宁等，2017a）为降级。

金效华／摄影

金效华／摄影

勐海石斛 Dendrobium sinominutiflorum

Dendrobium minutiflorum

形态学特征　附生，植株矮小。茎长1.5～3cm。叶狭长圆形，长1.5～5.5cm，宽4～7mm。总状花序生于当年生的茎上部；花绿白色或淡黄色；中萼片狭卵形，宽约2.5mm；侧萼片卵状三角形；萼囊长圆形，长约5mm，末端钝；花瓣长圆形，长约6mm，宽约2mm；唇瓣近长圆形，长约5mm，宽约4mm，中部以上3裂；侧裂片先端尖牙齿状；中裂片横长圆形；唇盘具由3条褶片连成一体的宽厚肉脊；蕊柱长约2mm。

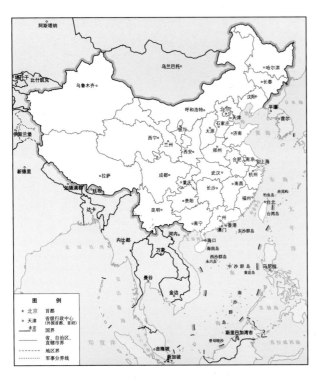

地理分布　勐海石斛是我国特有种，主要分布在我国云南的热带山地雨林，主要是西双版纳州。

物种现状　本次调查野外记录的样方数为14个，个体数约930株，其中繁殖个体数约470株。

主要威胁　勐海石斛的主要生境为热带山地雨林，但受到茶叶种植等因素的影响，生境破碎化比较严重，甚至生境丧失，而勐海石斛自身也被采集和贸易。

濒危级别　考虑到勐海石斛的个体数量稀少、生境破碎化、分布狭窄等因素，本次评估结果为极危（CR），主要依据A1acd; B1ab(i,iii,iv)。相比2017年评估结果（覃海宁等，2017a）为升级。

金效华／摄影

叉唇石斛　长柔毛石斛
Dendrobium stuposum

Dendrobium sphegidoglossum、*Dendrobium exsculptum*、*Dendrobium pristinum*、*Dendrobium flavidulum*、*Callista flavidula*、*Callista stuposa*

形态学特征　附生。茎具多数纵条棱。叶狭长圆状披针形，长4～7.5cm，宽4～15mm。总状花序出自老茎上部，长1～2.5cm；花白色；中萼片长圆形，长约8mm，宽约3mm；侧萼片斜卵状披针形，在背面中肋呈翅状；花瓣倒卵状椭圆形，长约8mm，宽约3mm；唇瓣到卵状三角形，长约9mm，前端3裂；侧裂片卵状三角形，先端尖牙齿状，边缘密布白色交织状的长绵毛；中裂片卵状三角形，先端钝，边缘亦密布白色交织状的长绵毛；唇盘密布长柔毛，从唇瓣基部至先端具1条宽的龙骨脊；蕊柱齿三角形。

地理分布　叉唇石斛主要分布在亚洲的热带北缘及亚热带地区，包括中国、不丹、印度东北部、缅甸、泰国等。在我国，叉唇石斛主要分布在云南（勐海、景共、绿春、腾冲）。

物种现状　本次调查野外记录的样方数为12个，个体数约1000株，其中繁殖个体数约120株。

主要威胁　野外调查时发现，叉唇石斛的野生资源枯竭，生境破碎化和丧失非常严重。

濒危级别　本次评估结果为极危（CR），主要依据A1acd。相比2017年评估结果（覃海宁等，2017a）为升级。

金效华 / 摄影　　　　金效华 / 摄影

具槽石斛 Dendrobium sulcatum

Callista sulcata

形态学特征 附生。茎肉质,扁棒状,从基部向上逐渐增粗,下部收狭为细圆柱形,节间长2~5cm。叶互生于茎的近顶端,长圆形,长18~21cm,宽约4.5cm。总状花序从当年生具叶的茎上端发出,密生少数至多数花;花奶黄色;中萼片长圆形,长约2.5cm,宽约9mm;侧萼片与中萼片近等大;花瓣近倒卵形,长约2.4cm,宽约1.1cm;唇瓣的颜色较深,呈橘黄色,近基部两侧各具1个褐色斑块,近圆形,长、宽约2cm;唇盘上面的前半部密被短柔毛;蕊柱长约5mm;药帽前后压扁的半球形或圆锥形。

地理分布 具槽石斛主要分布在亚洲的热带北缘地区,包括中国、印度东北部、缅甸、泰国、老挝。在我国,具槽石斛主要分布在云南、广西和西藏。

物种现状 本次野外调查记录样方数为25个,个体数约1560株,其中繁殖个体数约610株。

主要威胁 具槽石斛花具有较大的观赏价值。野外调查时,评估团队发现具槽石斛野生种群较小,且生境破碎化和丧失非常严重,采集现象也较为严重。

濒危级别 本次评估结果为极危(CR),主要依据A1acd。相比2017年评估结果(覃海宁等,2017a)为升级。

金效华 / 摄影

球花石斛 *Dendrobium thyrsiflorum*

Dendrobium galliceanum、*Callista thyrsiflora*、
Dendrobium densiflorum var. *alboluteum*

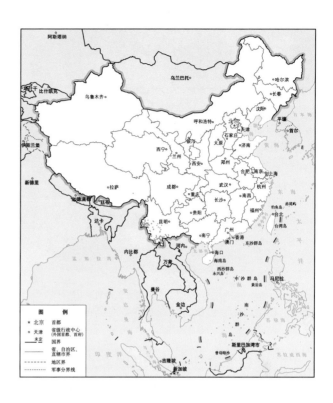

形态学特征　附生。茎圆柱形，基部收狭为细圆柱形，有数条纵棱。叶3~4枚互生于茎的上端，长圆形或长圆状披针形，长9~16cm，宽2.4~5cm。总状花序侧生于老茎上端，密生多花；萼片和花瓣白色，唇瓣金黄色；中萼片卵形，长约1.5cm，宽约8mm；侧萼片稍斜卵状披针形，长约1.7cm，宽约7mm；花瓣近圆形，长约14mm，宽约12mm；唇瓣半圆状三角形，长约15mm，宽约19mm，上面密布短绒毛；爪的前方具1枚倒向的舌状物；蕊柱白色，长约4mm；蕊柱足淡黄色；药帽白色，前后压扁的圆锥形。

地理分布　球花石斛主要分布在亚洲的热带北缘和亚热带地区，包括中国、印度东北部、缅甸、泰国、

金效华／摄影

全效华／摄影　　全效华／摄影

老挝、越南等。在我国，球花石斛主要分布在海南（陵水）、云南（屏边、金平、马关、勐海、思茅、普洱、墨江、景东、沧源、澜沧、腾冲）和西藏（墨脱）。

物种现状　本次野外记录的样方数为238个，个体数约7570株，其中繁殖个体数约2530株。

主要威胁　野外调查时，评估团队发现球花石斛在野外存在人为采集现象，生境破碎化和丧失非常严重，这对其种群的生存和繁殖都有较大的影响。

濒危级别　本次评估结果为濒危（EN），主要依据A1acd; B1ab(ii,iii)。相比2017年评估结果（覃海宁等，2017a）为升级。

绿春石斛 Dendrobium transparens

形态学特征　附生。茎圆柱状。叶披针形，长7.5～10.0cm，宽约1.3cm。花序生于老茎上；萼片和花瓣白色泛淡紫红色，唇瓣基部两侧具紫红色的条纹，唇瓣中央有1个大的深紫红色斑块；萼片近相等，长约2.5cm，宽约0.5cm，披针形；花瓣卵形，长约2.5cm，宽约0.9cm；唇瓣倒卵形或近圆形，长约2.7cm，宽约1.5cm，正面具短柔毛；蕊柱长约4.0mm，具2个角状的蕊柱齿。

地理分布　绿春石斛是我国新记录种，主要分布在亚洲的热带北缘和亚热带地区，包括中国、孟加拉国、印度、尼泊尔、不丹、斯里兰卡和缅甸等。在我国，绿春石斛主要分布在云南（临沧、普洱、红河州等）。

物种现状　野外记录的样方数为13个，个体数约580株，其中繁殖个体数约410株。

主要威胁　野外调查时，评估团队发现绿春石斛在野外存在过度采集现象，其生境破碎化和丧失非常严重。

濒危级别　本次评估结果为易危（VU），主要依据A1acd; B1ab(i,iii,iv)。本种在2017年没有评估。

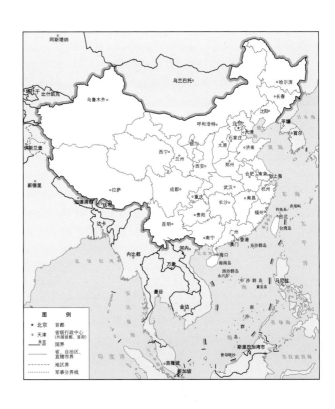

全效华 / 摄影

五色石斛 Dendrobium wangliangii

形态学特征　附生。茎丛生，纺锤形，长1.5～3.0cm，粗约0.8cm。叶2～4枚，椭圆形，长1.0～2.0cm，宽0.5～0.8cm。花序从老茎发出，具1朵花；花白色带粉红色先端，唇瓣中部具2个黄色斑块；中萼片卵状椭圆形，长约16.0mm，宽4.0～6.0mm；侧萼片呈偏斜的三角状长圆形，长约20.0mm，宽约6.0mm；萼囊囊状，长约5.0mm；花瓣椭圆形，长约17.0mm，宽约9.0mm；唇瓣宽倒卵形，长20.0～22.0mm，宽15.0～18.0mm；唇盘密被柔毛；蕊柱长2.0～3.0mm；蕊柱齿三角形。

地理分布　五色石斛为新发表的我国特有种，主要分布在我国云南（禄劝等）。

物种现状　本次调查野外记录的样方数为8个，个体数约377株，其中繁殖个体数约27株。

主要威胁　野外调查时，评估团队发现五色石斛在野外存在严重的人为采集现象，且生境破碎化和丧失非常严重。

濒危级别　本次评估结果为极危（CR），主要依据A2acd; C1。与2017年评估结果（覃海宁等，2017a）一致。

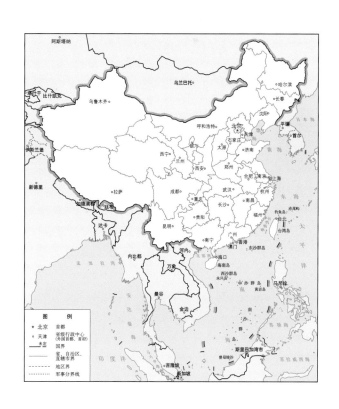

金效华／摄影

大苞鞘石斛 Dendrobium wardianum

Callista wardiana

形态学特征　附生。茎肉质状肥厚，圆柱形；节间多少肿胀呈棒状。叶狭长圆形，长5.5～15cm，宽1.7～2cm。总状花序从老茎发出，具1～3朵花；花白色带紫色先端；中萼片长圆形，长约4.5cm，宽约1.8cm；萼囊近球形，长约5mm；花瓣宽长圆形，长达2.8cm；唇瓣白色带紫色先端，宽卵形，长约3.5cm，宽约3.2cm，两面密布短毛；唇盘两侧各具1个暗紫色斑块；药帽宽圆锥形，无毛，前端边缘具不整齐的齿。

地理分布　大苞鞘石斛主要分布在亚洲的热带北缘和亚热带地区，包括中国、不丹、印度东北部、缅甸、泰国、越南等。在我国，大苞鞘石斛主要分布在西藏（墨脱）和云南（临沧、保山、大理州、德宏州、普洱、红河州、西双版纳州）。

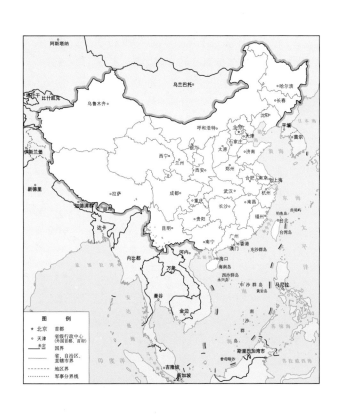

　　物种现状　本次调查野外记录的样方数为134个，个体数约2830株，其中繁殖个体数约730株。

　　主要威胁　野外调查时，评估团队发现大苞鞘石斛在野外存在过度人为采集现象，且生境破碎化和丧失非常严重。

　　濒危级别　本次评估结果为极危（CR），主要依据A1acd。相比2017年评估结果（覃海宁等，2017a）为升级。

金效华 / 摄影

大花石斛 Dendrobium wilsonii

　　形态学特征　附生。茎细圆柱形。叶狭长圆形，长3～7cm，宽10～12mm。总状花序从老茎发出，具1～2朵花；花白色至淡紫色；中萼片长圆状披针形，长2.5～4cm，宽7～10mm；侧萼片三角状披针形，宽7～10mm；萼囊半球形，长1～1.5cm；花瓣近椭圆形，长2.5～4cm，宽1～1.5cm；唇瓣卵状披针形，3裂或不明显3裂，其中央具1个胼胝体；侧裂片半圆形；中裂片卵形；唇盘中央具1个斑块，密布短毛；蕊柱长约4mm；蕊柱足长约1.5cm。

　　地理分布　大花石斛主要分布在我国福建（德化）、贵州（习水、梵净山）、湖北（咸丰、巴东、利川、鹤峰）、湖南（桑植、安化、石门）、广西（金秀、武鸣）、四川（峨眉山、雷坡、洪雅）和云南（思茅）等。

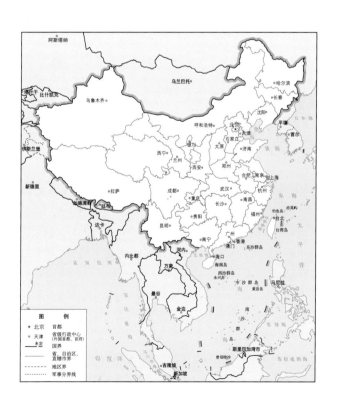

　　物种现状　近来的全国野生兰科植物资源专项补充调查未发现大花石斛的野生居群，但评估团队在部分保护区（如星斗山国家级自然保护区）发现了一些高位附生植株，但数量非常难统计。

　　主要威胁　野外调查时，评估团队发现前期记录的大花石斛的许多居群已经消失，生境破碎化和丧失严重，人为采集强度大。

　　濒危级别　本次评估结果为极危（CR），主要依据A1cd; C1。与2017年评估结果（覃海宁等，2017a）一致。

金效华 / 摄影　　　　　　　　　　　　金效华 / 摄影

西畴石斛 Dendrobium xichouense

形态学特征　附生。叶长圆形或长圆状披针形，长达4cm，宽约1cm。总状花序侧生老茎上部，具1～2朵花；花白色稍带淡粉红色；中萼片近长圆形，长约12mm，宽约4mm；侧萼片与中萼片近等大，基部歪斜；花瓣倒卵状菱形，比中萼片稍短，宽约4mm；唇瓣近卵形，长约1.6cm，最宽处约9mm，中部以下两侧边缘向上卷曲；唇盘黄色并且密布卷曲的淡黄色长柔毛，边缘流苏状。

地理分布　西畴石斛为我国特有种，主要分布于我国云南西畴县，主要生于石灰岩山地林中的树干上，海拔约1900m。

物种现状　全国野生兰科植物资源专项补充调查共记录样方5个，个体数约12株，其中繁殖个体数1株。

主要威胁　野外调查时，评估团队发现西畴石斛自然种群较小，且生境破碎化和丧失较严重。

濒危级别　本次评估结果为极危（CR），主要依据A1cd; C1。与2017年评估结果（覃海宁等，2017b）一致。

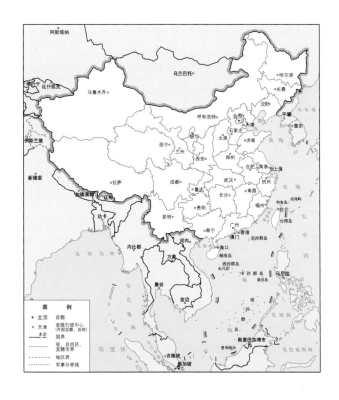

叶德平 / 摄影

天麻属 Gastrodia

天麻属本次评估2种。

原天麻 Gastrodia angusta

形态学特征　菌类寄生植物。根状茎块茎状，椭圆状梭形，肉质，长5～15cm，直径3～5cm，具较密的节。茎无绿叶。总状花序通常具20～30朵花；花乳白色；萼片和花瓣合生成的花被筒近宽圆筒状，长1～1.2cm，顶端具5枚裂片，但前方即侧萼片合生处的裂口很深；中萼片卵圆形，长约3mm；侧萼片斜三角形，长6～7mm；花瓣卵圆形，长约2.5mm；唇瓣长圆状梭形，长达1.5cm，宽5～6mm，上半部边缘皱波状，内有2条紫黄色稍隆起的纵脊；基部收狭并在两侧具一对新月形胼胝体；蕊柱长7～8mm。

地理分布　原天麻是我国特有种，主要分布在我国云南石屏县及其周边地区，主要生境是竹林，海拔约1800m。

李剑武 / 摄影

物种现状　2019～2020年的兰科植物专项调查中，连续两年调查都没有发现野生原天麻植株。

主要威胁　原天麻分布比较狭窄，其块茎比较大，在分布区一直被当作天麻进行采集、贸易和使用，市场价格比较高，物种受到严重采集。另外，该种的生境破碎化比较严重，且受农业生产的影响比较大。

濒危级别　本次评估结果为极危（CR），主要依据A1acd; B1ab(i,iii,iv); C1。相比2017年评估结果（覃海宁等，2017a）为升级。

金效华／摄影

天麻 Gastrodia elata

形态学特征　菌类寄生植物。根状茎肥厚，块茎状，椭圆形至近哑铃形，肉质，长8～12cm，直径3～5（～7）cm。总状花序具30～50朵花；花扭转，橙黄色、淡黄色、蓝绿色或黄白色；萼片和花瓣合生成的花被筒长约1cm，直径5～7mm，近斜卵状圆筒形，顶端具5枚裂片；外轮裂片（萼片离生部分）卵状三角形；内轮裂片（花瓣离生部分）近长圆形；唇瓣长圆状卵圆形，长6～7mm，宽3～4mm，3裂；蕊柱长5～7mm，有短的蕊柱足。

地理分布　天麻主要分布在亚洲热带地区和温带湿润地区，包括尼泊尔、不丹、印度、日本、中国、朝鲜半岛、俄罗斯（西伯利亚）。在我国，天麻主要分布在吉林、辽宁、内蒙古、河北、山西、陕西、甘肃、江苏、安徽、浙江、江西、台湾、河南、湖北、湖南、四川、重庆、贵州、云南和西藏的疏林下、林中空地、林缘或灌丛边缘，海拔400～3200m。

物种现状　本次调查野外记录样方107个，个体数约270株，其中繁殖个体数约270株。

主要威胁　野外调查时，评估团队发现天麻在分布地都存在过度采集现象。尽管天麻已经实现大规模生产，但人们对野生天麻的追求仍热情不减，因此，天麻面临的人为采集压力仍然较大。根据调查，野生天麻的

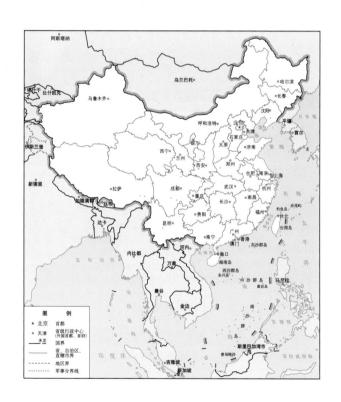

价格是栽培天麻价格的10倍左右。

濒危级别　本次评估结果为易危（VU），主要依据A2cd。相比2017年评估结果（覃海宁等，2017a）为升级。

金效华 / 摄影

金效华 / 摄影

金效华 / 摄影

手参属 Gymnadenia

手参属本次评估2种。

手参 *Gymnadenia conopsea*

形态学特征 地生，植株高20～60cm。块茎下部掌状分裂。茎上具4～5枚叶。叶片线状披针形、狭长圆形或带形，长5.5～15cm，宽1～2cm。总状花序具多数密生的花；花粉红色，罕为粉白色；中萼片宽椭圆形或宽卵状椭圆形，长3.5～5mm，宽3～4mm；侧萼片斜卵形；花瓣斜卵状三角形，与中萼片等长；唇瓣宽倒卵形，长4～5mm，前部3裂，中裂片较侧裂片大，三角形；距细而长，长约1cm，长于子房。

全效华／摄影

地理分布 手参分布广，主要分布在欧亚大陆的北温带草原，分布的国家包括中国、俄罗斯和欧洲各国。兰科植物调查在河北、辽宁、北京、黑龙江、甘肃、内蒙古、陕西、四川、西藏、云南都有手参分布记录。

物种现状 野生植株数量多，自然结实率高。手参标本记录和野外调查数据都非常丰富。本次调查野外记录的样方数为458个，个体数约3070株，其中繁殖个体数约1420株。

主要威胁 手参的块茎为药食两用原料，是藏东南石锅鸡的辅料之一。手参的块茎作为手掌参的主要使用区域为涉藏地区。

濒危级别 本次评估结果为近危（NT）。相比2017年评估结果（覃海宁等，2017a）为降级。

西南手参 *Gymnadenia orchidis*

形态学特征　地生。块茎卵状椭圆形，肉质，下部掌状分裂，裂片细长。茎直立，较粗壮，圆柱形，基部具2～3枚筒状鞘，其上具3～5枚叶，上部具1至数枚苞片状小叶。叶片椭圆形或椭圆状长圆形，长4～16cm，宽（2.5～）3～4.5cm，先端钝或急尖，基部收狭成抱茎的鞘。总状花序具多数密生的花，圆柱形；花苞片披针形，直立伸展，先端渐尖，不成尾状，最下部的明显长于花；子房纺锤形，顶部稍弧曲；花紫红色或粉红色，极罕为带白色；中萼片直立，卵形，先端钝，具3脉；侧萼片反折，斜卵形，较中萼片稍长和宽，边缘向外卷，先端钝，具3脉，前面1条脉常具支脉；花瓣直立，斜宽卵状三角形，与中萼片等长且较宽，较侧萼片稍狭，边缘具波状齿，先端钝，具3脉，前面的1条脉常具支脉；唇瓣向前伸展，宽倒卵形，前部3裂，中裂片较侧裂片稍大或等大，三角形，先端钝或稍尖；距细而

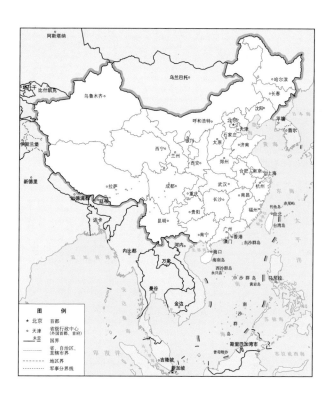

金效华／摄影

长，狭圆筒形，下垂，稍向前弯，向末端略增粗或稍渐狭，通常长于子房或等长；花粉团卵球形，具细长的柄和粘盘，粘盘披针形。

地理分布　西南手参主要分布在亚洲的亚热带地区，包括印度北部、尼泊尔、不丹、中国。在我国，西南手参主要生于甘肃、湖北、青海、陕西、四川、西藏、云南的山坡林下、灌丛下和高山草地中，海拔2800～4100m。

物种现状　西南手参的标本记录和野外调查数据都非常丰富。本次调查野外记录的样方数为385个，个体数约2440株，其中繁殖个体数约1080株。

主要威胁　西南手参的块茎常作为药食两用原料，是藏东南石锅鸡的辅料之一，但西南手参野生居群数量大。

濒危级别　本次评估结果为近危（NT）。相比2017年评估结果（覃海宁等，2017a）为降级。

芋兰属 Nervilia

芋兰属本次评估1种。

广布芋兰 *Nervilia aragoana*

形态学特征　地生。块茎圆球形。叶1枚，在花凋谢后长出，正面绿色，背面淡绿色，质地稍厚，干后带绿黄色，心状卵形，先端急尖，基部心形，边缘波状，具约20条在两面隆起的粗脉，正面脉上无毛，但在脉间稍被长柔毛。花葶下部具3～5枚筒状鞘；总状花序具（3～）4～10朵花；花苞片线状披针形，先端稍尖，多少反折，明显较子房和花梗长；子房椭圆形，具棱；花多少下垂，半张开；萼片和花瓣黄绿色，近等大，线状长圆形，先端渐尖或急尖；唇瓣白绿色、白色或粉红色，形状有一定的变异，具紫色脉，内面通常仅在脉上具长柔毛，基部楔形，中部以上明显3裂；侧裂片常为三角形，先端常急尖或截形，直立，围抱蕊柱；中裂片卵形、卵状三角形或近倒卵状四方形，先端钝或急尖，顶部边缘多少波状。

地理分布　广布芋兰主要分布在尼泊尔、印度、孟加拉国、缅甸、越南、老挝、泰国、马来西亚、琉球群岛、菲律宾、印度尼西亚、新几内亚岛、澳大利亚、太平洋中的一些岛屿。在我国，广布芋兰生于湖北、四川、台湾、广西、海南、云南（西部至南部）和西藏（东南部、南部）的林下或沟谷阴湿处，海拔400～2300m。野外调查时，只在云南、广西和海南发现（见分布图）。

物种现状　本次野外调查记录的样方数为72个，个

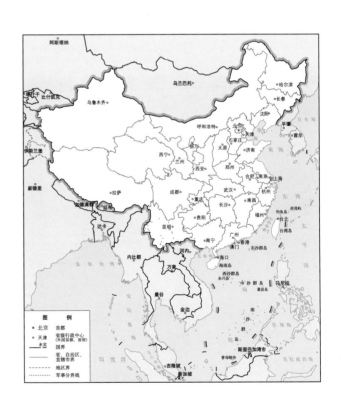

体数约1360株，其中繁殖个体数约370株。

主要威胁　野外调查时，评估团队发现广布芋兰分布广，居群数量大，受人为采集压力较小，种群的生存和更新情况良好，在许多次生干扰的生境数量比较多。

濒危级别　本次评估结果为近危（NT）。相比2017年评估结果（覃海宁等，2017a）为降级。

金效华 / 摄影

金效华 / 摄影

三、中国药用兰科植物评估结果

本次评估的54种药用兰科植物受威胁类别评估结果如下（详见表3）：

（1）极危18种，包括原天麻、霍山石斛、曲茎石斛、始兴石斛、滇桂石斛、勐海石斛、广东石斛等；

（2）濒危18种，包括罗河石斛、梵净山石斛、尖刀唇石斛、罗氏石斛、鼓槌石斛等；

（3）易危8种，包括天麻、白及、石斛、细茎石斛、铁皮石斛等；

（4）无危或近危9种，包括黄花杓兰、西藏杓兰、华石斛、小黄花石斛、手参、西南手参等；

（5）线叶石斛：由于信息不全，本次暂不评估。

本次评估54个物种中有5个物种在2017年《中国高等植物受威胁物种名录》（覃海宁等，2017a）中未被评估，其余49个物种的评估结果与2017年评估结果相比，有18个物种的濒危级别未发生变化，1个物种本次暂不评估，另外30个物种濒危级别发生了较大的调整（详见下表），具体如下：

（1）21个物种濒危级别提升，包括具槽石斛、杓唇石斛、原天麻等10个极危物种，兜唇石斛、尖刀唇石斛等9个濒危物种，细茎石斛和天麻2个易危物种；

（2）9个物种濒危级别下降，其中，白及、铁皮石斛评估为易危物种，华石斛、西南手参和手参等7个物种评估为非濒危物种；

（3）18个物种濒危级别保持不变，包括滇桂石斛等5个极危物种，梵净山石斛等8个濒危物种，石斛、束花石斛和美花石斛3个易危物种，西藏杓兰、小黄花石斛2个非濒危物种；

（4）5个新评估物种，包括霍山石斛、始兴石斛、广东石斛3个极危物种，1个濒危物种（罗氏石斛），1个易危物种（绿春石斛）；

（5）线叶石斛：由于信息不全，地理分布资料缺乏等，本次暂不评估。

本次评估的54种药用兰科植物中，有44种为受威胁物种，主要评估标准为标准A，即10年或者3个世代内的种群大小下降；其次是标准B，即分布区或实际占有面积减少；标准C，即小种群标准，使用了9次；标准D，即极小种群物种标准，使用了1次；标准E，即灭绝速率，使用了1次。这些均与本次评估物种的特性相关。

（1）本次评估的药用兰科植物虽然大部分物种为广布种，但在整个分布范围内过度采集比较严重，造成的数量变化和种群大小变化比较明显，标准A使用比较客观；

（2）本次评估的物种主要分布在热带和亚热带地区，它们的生境受到现代规模化种植业及交通线路大量扩张的重大冲击，生境破碎化和丧失比较明显，而且趋势没有减缓的迹象，物种受影响比较明显；

（3）本次评估的石斛属植物为附生植物，部分物种附生在树冠上，因此，除部分极小种群物种外，大部分物种计算分布范围和占有面积比较困难，导致标准B很难使用。

药用兰科植物濒危状况评估结果

种名	本次评估结果	中国高等植物受威胁物种名录[1]（2017）	IUCN受威胁物种红色名录[2]（2021）	国家重点保护野生植物名录（2021）	CITES附录（2019）
金线兰 Anoectochilus roxburghii	NT	EN B1ab(ii)+2ab(ii)		国家二级	附录Ⅱ
白及 Bletilla striata	VU A1cd	EN B1ab(iii)		国家二级	附录Ⅱ
黄花杓兰 Cypripedium flavum	LC	VU A2ac; B1ab(i,iii,v)	VU B2ab(ii,iii,v)	国家二级	附录Ⅱ
西藏杓兰 Cypripedium tibeticum	LC			国家二级	附录Ⅱ
兜唇石斛 Dendrobium aphyllum	EN A1	VU A4c		国家二级	附录Ⅱ
短棒石斛 Dendrobium capillipes	EN A4cd	EN A4c		国家二级	附录Ⅱ
束花石斛 Dendrobium chrysanthum	VU A2ac; B1ab(i,iii,v)	VU A2ac; B1ab(i,iii,v)		国家二级	附录Ⅱ

续表

种名	本次评估结果	中国高等植物受威胁物种名录¹（2017）	IUCN受威胁物种红色名录²（2021）	国家重点保护野生植物名录（2021）	CITES附录（2019）
线叶石斛 *Dendrobium chryseum*	暂不评估	EN A4c; B2ab(ii,iii,v)		国家二级	附录II
鼓槌石斛 *Dendrobium chrysotoxum*	EN A2ac; B1ab(i,iii,v)	VU A2ac; B1ab(i,iii,v); C1		国家二级	附录II
叠鞘石斛 *Dendrobium denneanum*	EN A4cd	VU A4c		国家二级	附录II
密花石斛 *Dendrobium densiflorum*	CR A4cd; B1ab(i,iii)	VU A4c; B1ab(i,iii)		国家二级	附录II
齿瓣石斛 *Dendrobium devonianum*	CR A4cd	EN A4c; B1ab(i,iii); C1		国家二级	附录II
黄花石斛 *Dendrobium dixanthum*	CR A1ad	EN B1ab(i,iii)		国家二级	附录II
梵净山石斛 *Dendrobium fanjingshanense*	EN A2c; C1	EN A2c		国家二级	附录II
流苏石斛 *Dendrobium fimbriatum*	EN A1acd	VU A3c; B1ab(i,iii)		国家二级	附录II
棒节石斛 *Dendrobium findlayanum*	EN A1acd	EN A3c		国家二级	附录II
曲茎石斛 *Dendrobium flexicaule*	CR A1acd; C1	CR A2c	EN A4c	国家一级	附录II
曲轴石斛 *Dendrobium gibsonii*	EN A2c; B1ab(i,iii)	EN A2c; B1ab(i,iii)		国家二级	附录II
杯鞘石斛 *Dendrobium gratiosissimum*	EN A2cd	VU A2c; B1ab(i,iii)		国家二级	附录II
苏瓣石斛 *Dendrobium harveyanum*	EN A2acd; B1ab(ii,iii)	EN B1ab(ii,iii)		国家二级	附录II
疏花石斛 *Dendrobium henryi*	EN A2cd			国家二级	附录II
重唇石斛 *Dendrobium hercoglossum*	EN A2cd			国家二级	附录II
尖刀唇石斛 *Dendrobium heterocarpum*	EN A2cd	VU A2c		国家二级	附录II
金耳石斛 *Dendrobium hookerianum*	NT	VU A2c		国家二级	附录II
霍山石斛 *Dendrobium huoshanense*	CR A4cd; C1; D1	未评估	CR A4c	国家一级	附录II
小黄花石斛 *Dendrobium jenkinsii*	NT			国家二级	附录II
广东石斛 *Dendrobium kwangtungense*	CR A1acd; C1	未评估		国家二级	附录II
美花石斛 *Dendrobium loddigesii*	VU A2ad	VU A2ac		国家二级	附录II
罗河石斛 *Dendrobium lohohense*	EN A1acd	EN A3c; B1ab(iii,v)	EN A4c	国家二级	附录II
罗氏石斛 *Dendrobium luoi*	EN B1ab(i,iii,iv); E	未评估		国家二级	附录II
细茎石斛 *Dendrobium moniliforme*	VU A1ad			国家二级	附录II
藏南石斛 *Dendrobium monticola*	CR A1acd; B1ab(i,iv)	VU B2ab(ii,iii,iv,v)		国家二级	附录II
杓唇石斛 *Dendrobium moschatum*	CR A4cd	EN A4c		国家二级	附录II
石斛 *Dendrobium nobile*	VU A2acd	VU A2ac; B1ab(i,iii)		国家二级	附录II
铁皮石斛 *Dendrobium officinale*	VU A2cd	CR A4c	CR A4c	国家二级	附录II
肿节石斛 *Dendrobium pendulum*	EN A1acd	EN A3c			附录II
单莛草石斛 *Dendrobium porphyrochilum*	EN A1acd	EN B2ab(ii,iii,iv,v)		国家二级	附录II
滇桂石斛 *Dendrobium scoriarum*	CR A1acd; B1ab(i,iii,iv)	CR A3c	EN A4c	国家二级	附录II
始兴石斛 *Dendrobium shixingense*	CR A1acd; B1ab(i,iii,iv); C1	未评估		国家二级	附录II
华石斛 *Dendrobium sinense*	LC	EN A3c; B1ab(iii); C1	EN A4c	国家二级	附录II
勐海石斛 *Dendrobium sinominutiflorum*	CR A1acd; B1ab(i,iii,iv)	EN A3c	EN A3c	国家二级	附录II
叉唇石斛 *Dendrobium stuposum*	CR A1acd	VU A2c; B1ab(iii)		国家二级	附录II
具槽石斛 *Dendrobium sulcatum*	CR A1acd	EN B1ab(ii,v); C1		国家二级	附录II
球花石斛 *Dendrobium thyrsiflorum*	EN A1acd; B1ab(ii,iii)			国家二级	附录II
绿春石斛 *Dendrobium transparens*	VU A1acd; B1ab(i,iii,iv)	未评估		国家二级	附录II
五色石斛 *Dendrobium wangliangii*	CR A2acd; C1	CR D		国家二级	附录II
大苞鞘石斛 *Dendrobium wardianum*	CR A1acd	VU B1ab(ii,iii); C1		国家二级	附录II
大花石斛 *Dendrobium wilsonii*	CR A1cd; C1	CR A4c; B1ab(ii,iii)	EN A4c	国家二级	附录II
西畴石斛 *Dendrobium xichouense*	CR A1cd; C1	CR B1ab(ii,iii,v)		国家二级	附录II
原天麻 *Gastrodia angusta*	CR A1acd; B1ab(i,iii,iv); C1	EN A2c; B1ab(iii)		国家二级	附录II
天麻 *Gastrodia elata*	VU A2cd		VU A2c	国家二级	附录II
手参 *Gymnadenia conopsea*	NT	EN B1ab(i,iii,v)		国家二级	附录II
西南手参 *Gymnadenia orchidis*	NT	VU A2c; B1ab(i,iii,v)		国家二级	附录II
广布芋兰 *Nervilia aragoana*	NT	VU B2ab(ii,iii,v)		未列入	附录II

注：①此列空白处表示物种评估为无危或近危或数据不足等情况；②此列空白处表示未评估

四、中国药用兰科植物保护管理建议

2021年9月7日，经国务院批准，国家林业和草原局、农业农村部公布了《国家重点保护野生植物名录》。调整后的《国家重点保护野生植物名录》包括菌类、藻类、苔藓、蕨类与石松类、裸子植物和被子植物，覆盖455种和40类，共约1101种，其中，国家一级保护野生植物54种和4类，共约125种；国家二级保护野生植物401种和36类，共约976种。

除广布芋兰外，本次评估的大部分药用兰科植物种类均被列入《国家重点保护野生植物名录》中，其中，曲茎石斛和霍山石斛被列为国家一级重点保护野生植物，大部分物种为国家二级重点保护野生植物，这为这些物种的保护提供了直接的法律基础，为采集、贸易、就地保护、迁地保护等保护和监管工作提供了法律依据。

根据目前我国药用兰科植物的保护、开发利用现状和存在的问题，我们提出以下保护建议。

（一）建立红色名录定期更新和发布制度

我国是世界上生物多样性最丰富的国家之一，有高等植物3.6万～4.1万种（Xie *et al.*，2021）；经过认真评估形成的高等植物红色名录对确定优先保护物种、制定保护策略和评估保护成效等具有重要的指导意义，是物种保护工作的主要科学基础之一。目前，《中国高等植物受威胁物种名录》使用成效不足，许多物种保护的科学性有待加强，建议形成濒危物种定期评估濒危状况机制，更新和发布红色名录。

（二）建立健全市场监督管理体系

根据《中华人民共和国野生植物保护条例》，濒危物种一旦进入流通市场，在难以区分人工栽培和野生植株的情况，就很难开展执法行动。建议建立健全市场监督管理体系，通过DNA条形码、种植园（场）等登记等方法和手段，建设市场流通药材原植物的精准溯源技术体系，建立药材原植物市场准入制度等，减少甚至避免野生来源的原植物进入流通市场。

（三）加强濒危物种保护生物学研究

到目前为止，我国大部分濒危的兰科植物濒危机制、致危因素、濒危过程、致危机理不清，保护生物学研究工作比较零星。一方面，大部分兰科植物就地保护成效有待提高，物种物候期观测、居群动态监测等方面工作亟待开展，保护成效需要评估；另一方面，迁地保护需要系统性开展，种群恢复和复壮水平有待提高，大部分濒危物种（包括萌发菌类、共生菌类）的人工繁育技术有待突破，综合保护工作有待开展等。

（四）加强保护地规划和建设

通过数据分析发现，云南西部地区、广西西北部地区、贵州南部地区记录的药用兰科植物非常丰富，记录的其他兰科种类也比较丰富，但这些地区基本没有被国家级保护区覆盖，或者国家级保护区覆盖面积非常小，存在很大的保护空缺，未来需要加强保护地规划。在调查中，我们也发现由于各种原因，一些保护区对药用兰科植物资源的无序开发利用的现象存在着"心有余而力不足"的情况，需要加大保护区的建设，尤其需要加强人才培养、基础设施建设等工作。

主要参考文献

包雪声, 顺庆生, 陈立钻. 2001. 中国药用石斛彩色图谱. 上海: 上海医科大学出版社, 复旦大学出版社.

蔡兰. 2013. 彝良县大力发展林农专业合作社省级示范社. 云南林业, 34(5): 34.

陈秀珍, 何瑞, 詹若挺. 2016. 南药青天葵资源和分子生物学研究进展. 广州中医药大学学报, 33(3): 415-418.

陈子恩, 吴锟, 潘利明. 2020. 广州清平中药材市场市售石斛资源调查. 广东药科大学学报, 36(5): 633-638.

程银平. 2017. 南药"青天葵"抗肺纤维化的作用及其机制研究. 广州: 广州中医药大学硕士学位论文.

戴伦凯. 2013. 中国药用植物志. 第十二卷. 北京: 北京大学医学出版社: 443-749.

窦路遥, 吴静, 谢先娇. 2019. 霍山石斛的沿革与变迁. 饮食科学, (2): 150.

龚文玲, 詹志来, 江维克, 等. 2018. 天麻本草再考证. 中国现代中药, 20(3): 355-362.

郭怡博, 张悦, 陈莹, 等. 2021. 天麻人工栽培模式调查分析及发展建议. 中国现代中药, 23(10): 1692-1699.

国家林业和草原局. 2021. 国家重点保护野生植物名录. http://www.forestry.gov.cn/main/3954/20210908/1639
49170374051.html [2022-10-25].

国家药典委员会. 2020. 中华人民共和国药典. 2020年版. 一部. 北京: 中国医药科技出版社.

国家中医药管理局,《中华本草》编委会. 1999. 中华本草. 上海: 上海科学技术出版社: 1880.

韩利霞. 2019. 金线兰属 (*Anoectochilus*) (兰科) 的系统分类研究. 上海: 华东师范大学硕士学位论文.

何昌现, 杨刚述. 2010. 立足优势培植特色产业. 致富天地, (7): 65.

焦连魁, 曾燕, 王继永, 等. 2019. 石斛药材基原的本草学研究概况. 中国现代中药, 21(4): 542-551.

乐晓. 2013. "麻农"大户的致富经. 致富天地, (11): 16-17.

李朝锋. 2019. 广西铁皮石斛产业发展概况及对策研究. 南宁: 广西大学硕士学位论文.

刘大会, 龚文玲, 詹志来, 等. 2017. 天麻道地产区的形成与变迁. 中国中药杂志, 42(18): 3639-3644.

刘菊莲. 2018. 保护梵净山石斛促进自然种群在浙江恢复. 浙江林业, (8): 30-31.

卢进, 丁德容. 1994. 天麻的本草考证. 中药材, (12): 34-36, 54.

鲁兆莉, 覃海宁, 金效华, 等. 2021.《国家重点保护野生植物名录》调整的必要性、原则和程序. 生物多样
性, 29(12): 1577-1582.

明兴加, 李博然, 赵纪峰, 等. 2016. 金钗、金钗石斛的名实考证. 中国中药杂志, 41(10): 1956-1964.

潘启航. 2021. 天麻林下栽培技术研究. 种子科技, 39(18): 40-41.

覃海宁, 杨永, 董仕勇, 等. 2017a. 中国高等植物受威胁物种名录. 生物多样性, 25(7): 696-744.

覃海宁, 赵莉娜, 于胜祥, 等. 2017b. 中国被子植物濒危等级的评估. 生物多样性, 25(7): 745-757.

任媛. 2018. 霍山石斛仿野生栽培研究. 合肥: 安徽农业大学硕士学位论文.

邵清松, 叶申怡, 周爱存, 等. 2016. 金线莲种苗繁育及栽培模式研究现状与展望. 中国中药杂志, 41(2): 160-166.

顺庆生, 魏刚, 王雅君. 2017. 石斛类药材品种的历史和现状. 中药新药与临床药理, 28(6): 838-843.

顺庆生, 徐一新, 魏刚, 等. 2019. 中药石斛正本清源之霍山石斛. 广东药科大学学报, 35(1): 22-26.

宋亚琼, 刘芝龙, Willian S, 等. 2017. 西双版纳兰科植物集市贸易特点和保护启示. 生物多样性, 25(5): 531-539.

孙跃宁, 李怀平, 罗明英, 等. 2020. DNS法测定手参肾宝胶囊中多糖含量. 食品与药品, 22(1): 33-35.

索南邓登. 2020. 青藏高原濒危藏药资源致危因素及可持续利用路径研究——以掌裂兰为例. 天津: 天津大学博士学位论文.

滕建北, 万德光, 王孝勋. 2013. 石斛名实及功效的本草考证. 中药材, 36(11): 1876-1880.

王海峰, 王超群, 尉广飞, 等. 2021. 天麻全国产地适宜性区划及其种植技术. 中国现代中药, 23(11): 1869-1875.

王晓阁, 龙全江, 赵悦. 2015. 光慈姑药用历史变迁与现代研究概况. 甘肃中医学院学报, 32(6): 72-74.

王艳红, 周涛, 江维克, 等. 2018. 天麻林下仿野生种植的生态模式探讨. 中国现代中药, 20(10): 1195-1198.

夏天卫, 周国威, 姚晨, 等. 2019. 古今石斛治痹发微. 中国中医药信息杂志, 26(4): 136-140.

向振勇, 孔继君, 华梅, 等. 2019. 中国兰科独蒜兰属植物增补. 热带亚热带植物学报, 27(4): 461-464.

谢月英, 谭小明, 吴庆华, 等. 2009. 广西青天葵野生资源现状. 广西植物, 29(6): 783-787.

杨菊, 马勋静, 张艳兰, 等. 2023. 创新理念 促进天麻产业绿色健康发展. 云南农业, (2): 25-27.

杨明志, 单玉莹, 陈晓梅, 等. 2022. 中国石斛产业发展现状分析与考量. 中国现代中药, 24(8): 1395-1402.

依拉古, 格格日勒, 那生桑. 2018. 蒙药手参药材与奶手参的质量标准. 世界中医药, 13(2): 464-467.

袁叶飞. 2006. 青天葵化学成分及其抗肿瘤作用的研究. 成都: 成都中医药大学博士学位论文.

翟勇进, 白隆华, 黄浩, 等. 2020. 青天葵种质资源研究. 热带农业科学, 40(11): 47-52.

张春岚, 胥雯. 2021. 铁皮石斛的林下立体栽培管理. 林业与生态, (6): 39.

张倩倩. 2018. 清代霍山县中药材地理探析. 郑州: 郑州大学硕士学位论文.

张晓丽, 梁凌玲, 詹若挺, 等. 2012. 岭南道地药材青天葵的组织培养与植株再生. 北方园艺, (19): 140-142.

张晓莉. 2019. 云南天麻产业精深发展又迈一步. 云南农业, (6): 94.

赵菊润, 赵佳琛, 王艺涵, 等. 2022. 经典名方中石斛的本草考证. 中国实验方剂学杂志, 28(10): 215-228.

郑丽香. 2018. 金线莲的资源调查及生药学研究. 福州: 福建中医药大学硕士学位论文.

中国科学院中国植物志编辑委员会. 1999. 中国植物志. 第十九卷. 北京: 科学出版社.

周晨, 谷巍, 顾正国, 等. 2019. 金线兰一次性成苗及设施栽培关键技术研究. 植物生理学报, 55(11): 1695-1704.

周俊. 2013. 石斛的历史、分布与功能. 中国药学杂志, 48(19): 1609.

周志华, 金效华. 2021. 中国野生植物保护管理的政策、法律制度分析和建议. 生物多样性, 29(12): 1583-1590.

左文朴. 2019. 青天葵黄酮Nervilifordin F对急性肺损伤的保护作用及机制的研究. 南宁: 广西医科大学博士学位论文.

Chao W C, Liu Y C, Jiang M T, *et al.* 2021. Genetic diversity, population genetic structure and conservation strategies for *Pleione formosana* (Orchideace). Taiwania, 66(1): 20-30.

Chen C, Kang M S, Wang Q W, *et al.* 2021. Combination of *Anoectochilus roxburghii* polysaccharide and exercise ameliorates diet-induced metabolic disorders in obese mice. Frontiers in Nutrition, 8: 735501.

Chen M X, Zeng X P, Liu Y C, *et al.* 2021. An orthogonal design of light factors to optimize growth, photosynthetic capability and metabolite accumulation of *Anoectochilus roxburghii* (Wall.) Lindl. Scientia Horticulturae, 288: 110272.

Chen Z L, Zeng S J, Wu K L, *et al.* 2010. *Dendrobium shixingense* sp. nov. (Orchidaceae) from Guangdong, China. Nordic Journal of Botany, 28(6): 723-727.

Cribb P J. 1997. The Genus *Cypripedium*. Portland: Timber Press.

Cribb P J, Butterfield I. 1999. The Genus *Pleione*. Kew: Royal Botanic Gardens.

Dai X Y, Jiang M T, Li W, *et al.* 2020. The taxonomic revision of *Pleione formosana* (Arethuseae, Epidendroideae, Orchidaceae) based on molecular, morphological and cytological analyses. Phytotaxa, 477(1): 60-70.

Deng X X, Chen Y K, Rao W H, *et al.* 2016. *Dendrobium luoi*, a new species of Orchidaceae from China. Plant Science Journal, 34(1): 9-12.

Gale S W, Kumar P, Hinsley A, *et al.* 2019. Quantifying the trade in wild-collected ornamental orchids in South China: Diversity, volume and value gradients underscore the primacy of supply. Biological Conservation, 238: 108204.

Jiang M T, Wu S S, Liu Z J, *et al.* 2018. *Pleione jinhuana* (Arethuseae; Epidendroideae; Orchidaceae), a new species from China based on morphological and DNA evidence. Phytotaxa, 345(1): 43.

Jin M Y, Han L, Li H, *et al.* 2017. Kinsenoside and polysaccharide production by rhizome culture of *Anoectochilus roxburghii* in continuous immersion bioreactor systems. Plant Cell, Tissue and Organ Culture (PCTOC), 131(3): 527-535.

Li J H, Liu Z J, Salazar G A, *et al.* 2011. Molecular phylogeny of *Cypripedium* (Orchidaceae: Cypripedioideae) inferred from multiple nuclear and chloroplast regions. Molecular Phylogenetics and Evolution, 61(2): 308-320.

Lin L X, Zheng F Y, Zhou H F, *et al.* 2017. Biomimetic gastrointestinal tract functions for metal absorption assessment in edible plants: Comparison to *in vivo* absorption. Journal of Agricultural and Food Chemistry, 65(30): 6282-6287.

Liu H, Liu Z J, Jin X H, *et al.* 2020. Assessing conservation efforts against threats to wild orchids in China. Biological Conservation, 243: 108484.

Schuiteman A, Cribb P, Adams P, *et al.* 2022. (2894) Proposal to conserve *Dendrobium officinale*, nom. cons., against the additional name *D. catenatum* (Orchidaceae). TAXON, 71(3): 691-693.

Swift S, Munroe S, Im C, *et al.* 2019. Remote tropical island colonization does not preclude symbiotic specialists: New evidence of mycorrhizal specificity across the geographic distribution of the Hawaiian endemic orchid *Anoectochilus sandvicensis*. Annals of Botany, 123(4): 657-666.

Wu C Y, Peter H R, Hong D Y. Flora of China. Vol. 25, Orchidaceae. Beijing: Science Press; St. Louis: Missouri Botanical Garden Press.

Xiang X G, Mi X C, Zhou H L, *et al.* 2016. Biogeographical diversification of mainland Asian *Dendrobium* (Orchidaceae) and its implications for the historical dynamics of evergreen broad-leaved forests. Journal of Biogeography, 43(7): 1310-1323.

Xiang X G, Schuiteman A, Li D Z, *et al.* 2013. Molecular systematics of *Dendrobium* (Orchidaceae, Dendrobieae) from mainland Asia based on plastid and nuclear sequences. Molecular Phylogenetics and Evolution, 69(3): 950-960.

Xie D, Liu B, Zhao L N, *et al.* 2021. Diversity of higher plants in China. Journal of Systematics and Evolution, 59(5): 1111-1123.

Xu Q, Wu X Y, Zhang G Q, *et al.* 2018. *Dendrobium libingtaoi* (Orchidaceae; Epidendroideae; Malaxideae) a new species from China: Evidence from morphology and DNA. Phytotaxa, 334(1): 35.

Zhang W, Qin J A, Yang R, *et al.* 2018. Two new natural hybrids in the genus *Pleione* (Orchidaceae) from China. Phytotaxa, 350(3): 247.

Zhang Y, Li Y Y, Chen X M, *et al.* 2020b. Combined metabolome and transcriptome analyses reveal the effects of mycorrhizal fungus *Ceratobasidium* sp. AR2 on the flavonoid accumulation in *Anoectochilus roxburghii* during different growth stages. International Journal of Molecular Sciences, 21(2): 564.

Zhang Y, Li Y Y, Guo S X. 2020a. Effects of the mycorrhizal fungus *Ceratobasidium* sp. AR2 on growth and flavonoid accumulation in *Anoectochilus roxburghii*. PeerJ, 8: e8346.

Zheng B Q, Zou L H, Wan X A, *et al.* 2020. *Dendrobium jinghuanum*, a new orchid species from Yunnan, China: Evidence from both morphology and DNA. Phytotaxa, 428(1): 30-42.

Zhou Z H, Shi R H, Zhang Y, *et al.* 2021. Orchid conservation in China from 2000 to 2020: Achievements and perspectives. Plant Diversity, 43(5): 343-349.

Zhu G H, Chen S C (Chen X Q). 1999. *Cypripedium taibaiense* (Orchidaceae), a new species from Shaanxi, China. Novon, 9(3): 454-456.

Zhu J J, Yang J X, Fang H L, *et al.* 2019. Antibacterial and antifungal activities of different polar extracts from *Anoectochilus roxburghii*. Pakistan Journal of Pharmaceutical Sciences, 32(6): 2745-2750.

中文名索引

拉丁名索引